不迎不拒

向喜而生

罗近月 著

中国水利水电出版社

www.waterpub.com.cn

·北京·

内 容 提 要

本书是罗近月老师关于女性成长主题文章合集。本书是想告诉我们，虽然现在的物质生活越来越满足，但抑郁焦虑的人却越来越多，是因为一开始大家就走错了方向。幸福的真正途经是向内看，向内探索，取悦自己而不是其他人，或者来自于外部世界的竞争、比较和抓取。如果大家还是执着于外部的抓取，获得，人生的痛苦只会越来越剧烈、严重。

图书在版编目（CIP）数据

不迎不拒，向喜而生 / 罗近月著. -- 北京 ：中国水利水电出版社，2022.1
ISBN 978-7-5226-0380-3

Ⅰ. ①不… Ⅱ. ①罗… Ⅲ. ①女性－人生哲学－通俗读物 Ⅳ. ①B821-49

中国版本图书馆CIP数据核字(2021)第271608号

书　　名	不迎不拒，向喜而生
	BUYING BUJU, XIANGXI ERSHENG
作　　者	罗近月　著
出版发行	中国水利水电出版社
	（北京市海淀区玉渊潭南路1号D座　100038）
	网址：www.waterpub.com.cn
	E-mail：sales@waterpub.com.cn
	电话：（010）68367658（营销中心）
经　　售	北京科水图书销售中心（零售）
	电话：（010）88383994、63202643、68545874
	全国各地新华书店和相关出版物销售网点
排　　版	北京水利万物传媒有限公司
印　　刷	天津旭非印刷有限公司
规　　格	130mm×185mm　32开本　8印张　160千字
版　　次	2022年1月第1版　2022年1月第1次印刷
定　　价	49.80元

目录

没有裂缝，光便无法照进来，

并且我们也无法选择早一点或晚一点.

不要执着于去解决一个看得见的问题，

更重要的是，你需要通过问题带给你的启示和觉察，

去慢慢长成你自己.

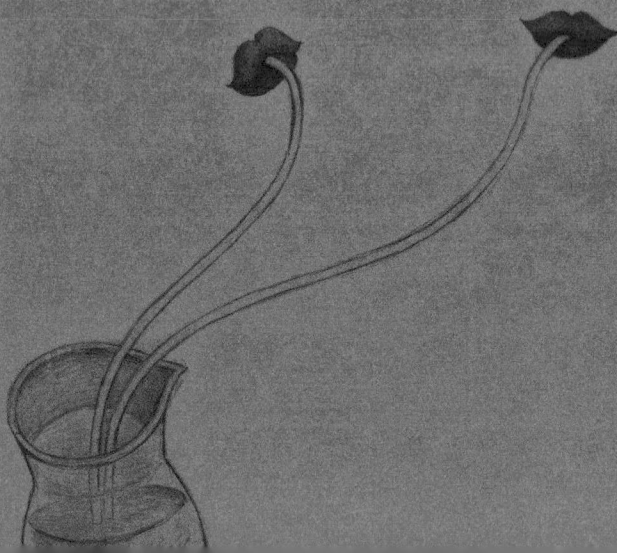

自序

~~~~

不着急，慢慢地长成你自己

小时候，我会看到很多大人的眼光。

比如，你只有是外向的、开朗的，长大才有出息；你只有足够聪明和灵活，才会被人喜欢；孩子是不能被满足的，不然长大了就不知道珍惜；情绪是不能表达的，那是一个人脆弱无能的表现；如果你喜欢读书和独处，而不喜欢人群，会被看成是书呆子……

当我自己被这些眼光审视的时候，我不希望自己是不好的，我会努力把那些别人觉得"不好"的部分，全部关进"黑屋子"。

为了变成一个"更好的自己"，为了成为一个更受欢迎的自己，我丢掉了真实的自己，跟自己的心产生了背离，我学会用别人的眼光来评价和挑剔自己。

虽然我也会不舒服，但我不得不这么做。我总是催促自己往那条大家都认可的"光明大道"走去，但我也时常感到痛苦和迷茫，因为我总是做不到、做不好，我知道一定有哪里不对劲。

直到慢慢地长大，我对自己和这个世界有了更多了解之后，我才发现，别人的眼光并非真理，我们每个人都需要把那个关进"黑屋子"里的自己释放出来，需要去跟那些曾经失散的感觉重逢。

最近这十年，我一直重新学习理解自己，重新拾起那些本性里的部分，学习去尊重、照顾和陪伴它们，把丢失的自己找回来。

目前，留在我生命中最珍贵的，仍然是那些最初的感觉。我和我的表哥、堂哥他们可以毫无顾忌玩耍的童年，我

和爷爷、奶奶他们可以花一整天慢悠悠除草的心情，我和我的家人用整个下午的工夫去采摘新鲜茶叶的时光，那是我生命中挥之不去的最美的慢基调。

我知道这就是真实的我，我不仅要允许它们，更要照顾它们，我需要让自己慢下来，跟这些生命中最重要的感觉在一起。

如果现在的你了解我，你会发现我仍然不够外向、开朗和聪明，我是内向的、迟钝的、后知后觉的，我仍然喜欢读书和独处，我仍然觉得自己是需要被照顾的，情绪是可以被好好表达的⋯⋯

然后，当我开始接纳这些我本来的部分时，我也因为这些真实，延伸出了一种更适合我的生活方式。

比如，因为喜欢独处和思考，读书和写作成了我生活很重要的一部分；因为我的内心里更渴望亲近自然，我每天都会喝茶，让自己学习慢下来；因为内心洋溢着活力，所以我会喜欢上跑步；因为我相信人与人之间的关系，相信每个人都有自我实现的潜能，我成了一名助人者。

看吧！这些陪伴自己久远的东西，这些能让我生活保持愉悦，能让我找到动态平衡的东西，都是我最自然、真实的部分，也是我最初想拼命丢掉的部分，却成了我现在最重要的一部分。

当我再一次把他们找回来的时候，我知道这一次我不会再弄丢了，我会和我最喜欢的自己，永远地在一起！

同样，在读这本书的时候，我也要邀请你先放下改变自己的急迫，重拾起对自己的那一份温柔，学习去好奇、发现和尊重那些你与生俱来的天性。

比如，我有一些来访者，我一开始见他们的时候，他们可能正被一些问题所困扰，可能是身体上，情绪上，关系

上的，还有许多现实的问题。

与此同时，他们可能会感到痛苦和无助，并且对自己的感觉也糟透了。他们不喜欢自己，想要努力改变自己，然而越努力改变就越背离自己，才不得不停下来重新认识自己。

"万物皆有裂缝，那是光照进来的地方。"如果我们不了解自己，就没有光照进来，我们就没有机会去运用自己的能力去过好生活。

许多时候，问题会影响到我们的生活，让我们感到极其的不自在、不自由，但也给了我们一个机会，去重建跟自己的连接，发现自己更富饶的内在资源。

经常有人跟我说："如果我早一些知道这些就好了，如果我早一点去成长就好了。"

以前，我也会想，如果我的来访者没有经历这些伤痛，他们现在的人生会不会更好一些？后来，经历越多，我便越来越相信，伤痛自有它存在的意义。并且，你会有自己的成长节奏，而一些曲折则是你生命中不可缺少的过程。

比如，我曾经有一位来访者，以前会为遇不到合适的恋人而苦恼，她非常迫切想解决这个问题，也经常去相亲但却不满意，并为此感到很不开心，对人生也越来越悲观失望。

后来，她转变了想法，花了很多时间去探索自己的期待和渴望，她不要为了一个当下解决不了问题去跟自己较劲。

然后，随着她对自己了解得越多，她的内在空间开始打开，她也变得越发自信。在这个过程中，她不仅工作和生活得到了提升，也顺其自然遇到了她现在的丈夫。

不得不说，有时候生命真的很奇妙，当你越来越了解自己，给予自己更多的空间去靠近你生命中渴望的人和事，去主动拥抱变化，你可能会附带着得到许多意想不到的收获，也可能解决了很多现实中的问题。

以前，我觉得成长最重要的是"小步慢走"，现在我觉得还需要加上一点，就是"借助问题的智慧"。当你在生活中遇上困难，当你感到迷茫、痛苦甚至绝望时，你要相信阴影的背后可能正藏着光亮和宝藏。

每一个人都会经历一个被摔打过程，才会开始好奇自己、允许自己、悦纳自己，再到做自己。

我想我们都不会例外。所以，如果你在这个过程中感到困难和挫败，会对自己感到不满意，都没有关系。不用着急，也不要批评和责备自己，就允许自己慢慢地长成你自己吧！

如果你有一些困惑或者感受，想要跟我分享，也可以联系我的邮箱 jinyue555@yeah.net，我会很期待听到你的声音。如果你通过这本书，开始了一个去好奇自己的过程，那我的目的也就达到了。最后，祝愿大家在自我成长的路上，遇见更丰盛的自己！

爱你的近月

2021 年 10 月 14 日

如果我们没有好好体验自己的感觉，

经历就不再是我们的经历。

我们看似可以通过感觉的隔离断开与经历的连接，

却永远活在了经历的阴影之下。

1

part

觉察：

看懂自己，你的人生才真正开始

当你不是自己想要的样子，如何才能重塑自己

感觉这座隐形之桥，
是你自己最好的摆渡人。

　　在很多渴望自我成长的人心里，都有这样一个渴望：变成自己想要的样子。这个样子可能是外在的爱情美满、事业成功、家庭幸福，也可能是内在的通透智慧与淡定从容。于是，我们可能自然而然地找到许多模板，在这些模板里有着各种好的、完美的样子，然后我们跟着学习、模仿，希望某一天自己就能变成这样。然而在这个过程中常常会碰壁。有时候，我们似乎清楚地知道怎样做才可以更好，但就是做不到；也有的时候，我们可能昙花一

现地做到了，但很快又做不到了；绝大多数时候，我们都会感觉到一种明显的错位，你明明想在那里，而自己却在这里。

人生里的错位，是让意识上线的好机会

错位所带来的，常常是追逐理想的挫败、找寻自己的无助，以及人生的无意义感。我们很容易在这样的打击之下，陷入两个极端之中：你可能会抹黑你所要追求的理想，比如你想变得有钱又做不到时，就可能会觉得有钱人都过得不幸福；你也可能会回头来抹黑自己，告诉自己你就是不够好、不够优秀，所以你才做不到。

这两种极端，可以很快获得确定感，让我们在遭遇挫败时迅速找到自我安慰。但是，如果找到自我安慰就是终点，你的生命从此就开始枯萎。遗憾的是，很多人并不知道，当你在人生里总感觉到错位时，这恰恰不是结束，而是

你新生命萌芽的起点。正是因为你变不成你觉得自己应该成为的样子，你才会有空间去探索自己真正可以成为什么样子。如果一个人想要活出自己，而不是随波逐流，那么他的人生里必不可少会经历这样的错位。如果错位所带来的不是非黑即白的评判，而是开始对自己有意识地觉察，那么他的人生就从此活过来了。

这就好比，原本是一架自动控制的飞机，在天空中漫无目的地飞行，原以为自己可以跟着别人一样去到某个地方，可是，当别人都顺利到达了，自己却无法到达时，他才可能启动自主意识，想搞清楚自己过去的飞行轨迹，想知道自己从哪里来，以及适合飞往哪里。也就是说，哪怕错位有时候给我们现实的生活带来了麻烦，我们也应该感谢自己感觉到了这种错位，否则我们将可能漫无目地飞行一辈子。

你不可能变成任何人，只能活成你自己

我们生活的这个世界，无时无刻不在跟你碰撞，如果你开始有意识地看这些过程，你就可以从这些碰撞的错位中收获很多确认自己的讯息。好比前段时间的电视剧《三十而已》，许多女性都希望拥有顾佳那样的能力，却不会真正有人可以活得和顾佳一样。因为顾佳不是一个部分，而是一个整体。

我们看到她的那些优势能力只是她整体里的一部分，是她人生经历的产物。而我们每一个人都是自己人生经历的产物。哪怕你受到了顾佳的影响，活成了另一个顾佳，那已经是一个有着你自己烙印的顾佳，而不是原来你仰慕的那个顾佳。所以，无论你追求什么，得到或者得不到，重要的并不是结果，而是你从这个过程里收获了多少关于"自己"的讯息。

总会有许多东西吸引你，勾起你的欲望，当你无法从

中获得满足时，你却可以从对这个过程的觉察当中获得一种宝贵的"自我差异性"。恰是这种"自我差异性"，让你在努力活成别人的路上，最终活成了你自己。这个过程充满了悖论：如果你一开始就要活成自己，却根本活不成自己。你只有在努力活成别人的路上有壁可碰，才会有意识地开始觉察，然后一点一点活出自己。

也就是说，你既可能执着于要变成什么样子，也不能太执着于有没有变成什么样子。这就好比是一场游戏，如果不当真就不好玩，如果太当真就没法玩，重要的是，你要收获在整个过程中的感受促成你的意识上线。

这些对理想和角色的追逐，本身不应该成为评判和改变自己的标准，而应该被当成是了解自己内在反应的试金石。所以，真正最宝贵的是，你在尝试的过程中所体会到的内心感觉的变化。

感觉这座隐形之桥，是你自己最好的摆渡人

　　一个人想要活出自己，最重要的是通过许多内在产生的感觉去理解自己。然而，很多渴望自我成长的人做的恰好相反，可能是否定和忽略自己的感觉，也可能是抑制和修改自己的感觉。我们最需要的是通过感觉这座隐形之桥去获得更多对自己的理解。如果我们把重心放在去改变感觉上，那就相当于关上了理解自己的大门。感觉，是一种看不见、摸不着的东西，如果放在理智的评估之下可能会不切实际。然而，对于我们的成长来说却十分重要。感觉就像一座隐形之桥，通过对它的感受、理解和连接，你可以找到你要去往的地方或者直接到达那个地方。现实生活中，我们常常以理性为主，觉得当自己用脑子想明白了，成长和变化就会发生。实际上，恰恰相反，只有当我们的感觉到达了一个新的地方，你才会到达一个新的地方。这座隐形之桥常常让人们迷糊的地方就在于：

　　如果你忽略自己的感觉，你哪里也去不了；如果你太

把自己的感觉当真，立刻去改变和行动，你也会哪里都去不了。你需要在感觉里允许自己去经历自己的感觉，当你带着意识去体验这个过程时，你的内在智慧就有机会重新发生整合，最终你还在这里，但是又不再是以前的自己。

很多人不理解为什么心理咨询可以让一个人发生改变，实际上，我们在咨询过程中所做的就是搭起这一座感觉之桥。通过在这个空间里的安全容纳，我们会做很多的还原，让每个人都可以越来越多、越来越自由地靠近自己的感觉。当你越去描述它、感受它，从点到面，从平面到立体，你对自己越清楚就越能让你冲破阻碍和限制，活出一个如其所是的自己。

在我们人生的长河里，有一些时候，可能让我们不得不隔离自己的感受，失去了为自己说话的能力或机会，这会让我们形成对自己深深的误解，离自己越来越远。然而，当你开始重视自己的感觉，给自己机会重新看见那些活在不容易的过去的自己，接受它、陪伴它，允许它自然而然地跟你在一起，你身上的包袱就会被卸下，你经受的扭曲就会被复原。这时候，看似一切才刚刚开始，但你却已经到达。

这也就是真正的成长，是很多人渴望的深度疗愈。所以，理智总想帮助我们移花接木，但是感觉可以帮我们找到自己的根，连上自己力量和动力的来源。

你所要寻找的一切答案都藏在你的感觉里。善待你的感觉，就是善待你的整个生命。

只有你当自己重要，
你才会变得重要

自我成长的前提，
是开始对自己感兴趣。

　　谈到自我成长时，总有很多读者想知道具体要怎么做，比如："我很想要自我成长，可是我究竟要如何成长？要往哪方面去成长呢？"我只能如实地回答："我也不知道啊！"对方就会一脸地疑惑："你是心理咨询师，肯定应该知道啊！"

　　事实上，我是真的不知道！这就好比，一个小孩问你：

"我要怎么长大呢？我要每天做什么才能长大呢？"又或者一棵小树苗问我们："我要如何长高呢？我要朝哪个方向长才能长高呢？"你会觉得，这还用问吗？小孩每天该干什么就干什么自然就长大了啊；小树每天自然吸收阳光雨露，那不就长高了吗？小孩和小树成长的过程，其实跟我们的自我成长是一样的。成长其实是一件自然而然的事情，并不需要刻意做什么。

自我成长，是一个人的本能需要

心理学大师罗杰斯对人格的观点就是：每个人都具有一种固有的、先天的维护自我、提高自我、自我实现的动机，这是人最基本的，也是唯一的动机和目的，它指引人朝向满意的个人理想成长。也就是说，我们从来到这个世界上，自然就有自我成长的需要。如果不出意外，大多数的人都会顺着这些自然的需要长大、长高。

那为什么要把这个自然的过程当成是一个问题来解决呢？那是因为这个自然的过程被阻碍了，也就是说，你不是不知道要如何成长，也不是不知道自己需要成长，而是你被卡住了，无法往本来该去的方向成长。所以，面对这样的一个本能需要，与其说我们不断去寻找什么是对的方法和技巧，不如耐心地去看看是什么阻碍了自己去成长。

当你留给自己足够的空间，成长就会自然发生

我曾经接过一个来访者，她在别人面前从来不敢表达自己的想法，每次咨询问我最多的问题就是："我要怎么做，我要怎么改变？"她出生在一个非常严厉的军人家庭，从小就必须服从父亲制定的各种家庭规则。这些规则曾经让她感到安全，也因为服从规则而感到荣耀。然而，她已经大学毕业了，不再需要受制于任何规则了，她自由了，却也更痛苦了。

离开了规则的约束，她极其忐忑，不知道自己要做什么才对。除了问问题，她很少谈及具体的事情，也很少有深入的感受呈现。就好像一直在过着的是别人的生活，跟她没什么关系。

跟她的互动，让我想起了一颗种子发芽的过程。当一颗种子被放在坚固的土壤，它就无法发芽。这其实不是种子的原因，而是种子和土壤相互作用的结果。

直到有一天，你把种子重新放回到松软的土壤里，结果种子不仅不会发芽，反而会想要回到过去坚硬的安全之中。然而，真的回去了，就永远发不了芽了。

对于这个女孩来说，她其实并不是需要我告诉她怎么做，只是她一直都生活在非常僵化的规则中，导致了她不敢有自己的想法和感觉。因为她从小就没有被给予充分成长的空间，所以要允许给自己空间的这个过程就会特别难。

　　她希望通过不断向我确认什么是对的来避免独自去体会和发现自己感受和想法的过程。然而，如果我真的这么做了，就重新上演了过去她父亲对待她的方式。我会让她慢一点儿，理解她这个过程的艰难，持续地给予她支持和确认。半年之后，她已经可以清楚地表达一些事情，也可以简单地谈自己的感受了。我所做的仅仅是给予她一个足够的空间，允许她可以把很多过去压抑的部分放进来，她自然就可以再次生根发芽了。这就是自我成长的过程，当你被给予一个充分的空间，而不是急于解决问题，那些被卡住的部分就会重新开始流动，带着我们走向问题的解决。

自我成长的前提，是开始对自己感兴趣

　　很多人都希望自我成长，当成长的过程被卡住时，却对自己不感兴趣，也不愿意给自己一个空间去体会，这就很难实现自我成长。这就好比我举过的学游泳的例子，如果你只是想跟教练在岸上学游泳却从不下水的话，你就很难真正

学会游泳，并且你会一直问这样的问题：怎么才能漂在水上呢？怎样才可以更好地前进呢？而如果你真的下水了，你会发现通过一步步体验，一切变得自然而然，你想知道的那些问题你都懂了。所以自我成长最重要的区别点在于：你是只想在脑子里弄明白该怎么游泳，还是要成为一个真正会游泳的人。

前者会知道很多道理，看起来什么都懂，但一下水就慌乱了；后者不一定懂很多道理，却能把自己知道的用在生活中。

就像对于很多从小没有机会被看见的人来说，心理咨询实际上是一个非常重要的可以帮助他们理解和整合自我的途径。但是仍然只有很少的人用上这个福利，这不是因为没有条件，而是他们只想要获得建议，觉得花 50 分钟去谈论自己简直太贵了，还不知道这可以帮助他们什么。所以，他们不理解心理咨询，也不敢认为自己重要，于是一直在学习对的道理，却从不愿意从自己这里去探索属于自己的最珍贵的

东西。如此，就像前面的那个女孩一样，如果没有机会给自己空间，我们自己就发不了芽，最终就只得依赖别人的建议生活，把活生生的自己奉献给了很多僵化的道理或者规则。

有的人会说："给空间去理解自己有什么用呢？最终还是得靠我自己走路，你也不能帮我去走路啊！既然一直都是靠自己，那我为什么还要找咨询师呢？"其实，很多人寻求心理咨询师帮助恰恰是因为靠不上自己，自己的内心变得很混乱或不知道自己在哪里。

心理咨询的确不是帮你去走路，而是帮你可以更好地用上你自己的资源和力量。

举一个例子。假如一个人 30 岁时有一条腿瘫了，后半生只能靠假肢生存。而现在有一个途径可以帮助这条腿复原，从此以后他就可以自由地走路了，他会愿意为了治好这条腿花费多少精力和金钱呢？那如果我们心理上有一条腿瘫了呢？

　　这就会让我们总是在生活里使不上力，总是会导致我们掉入陷阱中，你又愿意付出多少时间来疗愈它呢？所以，条条大道通罗马。最终一个人能不能活出自己想要的生活，不在于他懂了多少道理，或者做出了多少努力，而是他真的有没有学习认为自己是重要的。

你的经历，
其实不是你的经历

如果我们没有好好地体验自己的感觉，
经历就不再是我们的经历。
我们看似可以通过感受的隔离断开与经历的连接，
却永远活在了经历的阴影之下。

有一位来访者，一直很自卑，她想要找到一些方法变得自信起来。她读了不少励志书，自己给自己打气，想学习肯定自己、爱自己。这些方法，让她可以面对一些独处的艰难时刻。然而，一到关系里，这些努力都失效了。一方面她希望自己可以被理解、尊重和认可；另一方面她又觉得自己有很多的问题和缺点，不值得被更好地对待。所以，她时常压抑自己的感觉，既委屈生气，又无力表达，只得默默忍受。但其实她在现实生活中的表现并不像她想象的一样糟糕。工作上，她是单位的项目骨干，有多年的专业积累，领着不错的薪水；家庭里，也是她在操持安排所有细碎的事情，孩子培养得也很好。她对自己的感觉跟她的实际能力和表现不一致。她总觉得，"我做的这些事情没什么了不起，反而是有很多事情别人做得比我还好，而我还有很多的问题没有解决"。

为什么你会总觉得自己不够好？

这跟她成长经历中他人对她的评价是分不开的。

她出生在一个重男轻女的家庭，家人的所有期待都放在了哥哥身上，对于她的要求仅仅是有点儿文化、会做家务，以后可以嫁个好人家。她的学习成绩一直都非常拔尖，但是她并没有受到任何的肯定，反而听到更多的是这样的

话："你即使成绩好也不可能像你哥一样有出息！女孩子成绩好是暂时的，以后就不会这么好了！"初中毕业，她以优异的成绩考上了中专，家人和亲戚都一致觉得她去学门技术更好，唯有他的老师几次上门说服她的父母，最终才勉强同意她去上学。为此，父亲还责怪她："你要知道你是个女孩子，怎么能这么不为家里考虑考虑！"为此，她一直都很内疚。她特别不想谈过去，每每想起别人对她说的那些话，想起父亲看她厌恶的眼神，就不敢再想下去。她说："是不是我真的很不好，我不知道天高地厚，我太自私了，只考虑自己！我不值得拥有这些好的生活，这些都是暂时的幸运，总有一天我会都失去的。"

在她的成长经历里，她接收到了太多否定的声音，很少有支持、肯定的声音，那些长辈的声音就是权威，在他们面前她是如此的无力，她只能听着并接受，自我否定的声音就这么形成了。所以，如果一个人总是觉得自己不够好，或许不是他本身有多么不好，而是他接收到了太多偏颇的负面评价，让他没办法形成对自己完整的认知。

你的经历，其实不是你的经历

她很不愿想起过去的经历，有时候她会说："我觉得我的经历跟别人一样，没什么特别的！"也有一些时候，她会感觉脑子一片空白，什么都记不起来。她知道自己有过这样不被善待的经历，但是除了几件特别难受的事情，其他的事情并没有给她留下深刻的印象。显然，曾经的这些经历对她影响非常深远，但是她并没有跟自己的感受在一起。她习惯了把自己抽离出来，远远地看着自己。

实际上，很多有过深刻的原生家庭创伤的人，都会有类似的反应，他们会通过遗忘、淡化来让自己避免感觉到经历的痛苦。然而，如果我们没有好好地体验自己的感觉，经历就不再是我们的经历。我们看似可以通过感受的隔离断开与经历的连接，却永远活在了经历的阴影之下。想要摆脱这些阴影，就需要我们勇敢地站起来，去体验、还原自己在那些痛苦时刻的感受，跟自己站在一起，坚定地去维护自己。所以，如果没有充分的体验，你就不知道自己

在哪里，也就无法真正为自己的成长去做努力。唯有深入地体验才能让你重新看见、找回、善待你自己，带着自己走出痛苦的关系循环模式。

留足自我体验的空间，支持自己发展自我

在现实生活中，有很多像这位来访者一样自卑的人，他们常常非常的努力但却总感觉使不上力，并且无论怎样努力都很难改变对自己的感觉。他们的努力是可以获得他人的另眼相待的，但是那些糟糕的感觉却仍然十分顽固。因为对过去的经历很恐惧，于是他们不愿再想起过去。

可是，越是害怕去看就越深陷其中，一直活在对自己的负面评价里。就像我曾经的一位来访者说："我一直觉得自己是为了自己在努力，实际上等我越来越多地看到过去的经历时，我才发现其实从来没有正视那些声音，从来没有好

好地跟自己站在一起。"

是啊！我们的本能总是会逃开那些让自己恐惧的地方，试图告诉自己："你只管往前走就好了，一切都会好起来的！"可是，那个曾经在经历里委屈、愤怒的自己，却还在一直等着自己回头，等着被自己理解，可以为他说句公道话！如此，他就可以抬起低垂的头，更勇敢更自信地去面对生活。所以，每个人的经历当中都可能存在被否定、不公遭遇、被伤害的经历，唯一让经历可以成全自己的是去正视它、感受它，不让那些经历将我们分裂，我们才可以成为更完整的自己。

自卑、不自信的根源在于我们的人生里缺乏足够多被看见和确认的体验。那些经历中的重要感受跟我们自己失去了连接，于是我们才会觉得自己匮乏、混沌或者空空如也。任由过去他人的评价和认知来主宰我们的生活，我们就会感觉到无力和挫败。

实际上，在感受的世界里，有一大片丰富的宝藏等着你去认领，唯有用你的感受去体验过，那些宝贵的部分才会重归于你。

所以，如果你愿意去体会、理解自己，你可能会发现自己非常的丰富，又何来的不自信呢？

远离低价值的人生，
别再等着别人来定义你

当你原本希望满足对方的需要，
去获取自己的价值时，
对方却很容易把这当成理所应当，
反而感觉不到你有任何价值。

不知道你有没有这样的体会：在关系里辛苦努力，到头来却发现一切都很失望，觉得自己的努力没有任何价值。

就像一位来访者所说："在婚姻里，我每天都很煎熬，它像个黑洞一样把我吞没，让我想挣脱又无力挣脱。"

如今，有很多声音都在推崇女性独立，实际上不是女性不想独立，在关系里的低价值感已经成为困扰许多女性的普遍问题。

满足他人的期待，就会变得有价值吗？

电影《婚姻故事》中的女主角妮可就曾经有过这样的经历。作为一个新生派演员，她跟导演查理一拍即合。他们不仅相互欣赏，在事业上也彼此成就，经历了传说中最美好的爱情。一开始，她说所有的台词，他都会目不转睛地看着她，两个人一直在一起，从未分开；而她更是一跟他在一起就觉得自己活过来了，她直言不讳"和他说话，比做爱还好"。然后，他们有了一个家。

妮可开始像任何一个妻子所做的一样，全力为家庭付出，耐心陪伴孩子，也更加支持和尊重查理，而查理的事业也越来越成功。

看起来，一切皆大欢喜，不是吗？然而，就像妮可所说的："我只是让他变得越来越有活力了，到头来，我发现我从来没为自己活过。"家里的所有家具都是查理喜欢的，她的所有想法和创意都成了查理的功劳，她满足了查理所有的期待，却成了查理身后的一个隐形人。不仅别人看不到她的价值，连查理都不认为妮可对于他的发展有什么价值，他甚至还理所当然地觉得妮可嫁给了一个如此成功的他就应该很满足了。甚至当妮可跟查理提出想搬回洛杉矶时，查理都认为不需要对妮可的提议作出任何回应。

在查理眼里，作为他妻子的妮可只需要继续这么安稳地生活下去就好了，连有自己的需要都显得多余。所以，在关系里，满足他人的期待，真的会变得有价值吗？

这其实是很多人进入亲密关系时都有过的一种幻想："我愿意为你付出一切，你也十分珍惜，愿意为我付出一切，然后我们就永远幸福地在一起了。"

　　这就像童话故事一般的美好。然而，到了现实生活，或许一开始对方真的会很感激你，觉得你很重要。然而，这种感觉是短暂的，而在太多习以为常的时刻，他可能只会认为：这样的生活就很好啊，你为什么不可以一直做下去呢？也就是说，当你原本希望满足对方的需要去获取自己的价值时，对方却很容易把这当成理所应当，反而感觉不到你有任何价值。

　　当你在关系里为了获得价值认可而活成一个隐形人时，你不仅不会获得认可，连你自己都会感觉自己没有价值。只有当你从隐形的关系里站出来，你才会真正感觉到自己的价值。

你是否一直在等着别人定义你的价值？

　　电影中的查理和妮可，最终离婚了。事实上，这部电影所讲述的是一个真实的故事。这部电影正是某知名导演为了纪念他自己的前妻而拍的。

我们大可以想象，如果电影中的妮可没有站出来，没有选择越来越坚定地支持自己，这位大导演是否还可以如此深刻地理解一位女性在婚姻中的心路历程呢？不知道你是否也有过像妮可一样的想法：

> 只要我努力做得足够好，总有一天他会看见的。
>
> 只要我一直付出，总有一天他会醒悟的。
>
> 只要我不放弃，他迟早会知道我有多好的！
>
> 他再也找不到我这么好的人了，他会后悔的！

然而，我们看到的是，许多在关系里默默付出的人，直至分开多年也从来没有被珍惜，反而会被拿来跟别人比较，被评价、被指责、被挖苦，被证明哪些地方还不够好。

你是不是也有过这样的期待，一直在苦等着别人来定义你的价值呢？这就好比，一开始进入关系，我们都会自愿

给出自己最好的东西，然后当别人问你："老板，你这东西值多少钱呀？"你可能就会说："我能保证给你的是好东西，我是相信你的，钱你随便给就行啊！"而对方真的会随便给，并且一次比一次给得少，而且会越来越觉得你就只值他给的这么多。

哪怕你真的很信任对方，一直这样下去，一直做着亏本的买卖，你会不会感到委屈和无奈呢？

你可能还会想："在你眼里，我真的就这么没有价值吗？我到底哪里没做好，才让你有这样的感觉；是不是我能满足你更多的条件，你就会觉得我有价值呢？"然而，真相是，只要我们还在寻求别人来定义自己的价值，就不会真的感觉到自己有价值。所以，从本质上来说，低价值感不是你真的没有价值，而是你一直等着别人来定义你的价值。

敢于定义自己，才会活得有价值

约翰·霍普金斯大学的安德鲁·切尔林（Andrew J. Cherlin）提出，人们现如今的婚姻其实经历了三个阶段。第一个阶段：制度化婚姻。因为生存条件很艰苦，所以两个人要组成联盟，共同生产、抵御侵害，来维护必需的生活保障。第二个阶段：陪伴式婚姻。因为基本生活需要得到满足，婚姻重心开始转向了亲密和性的需求，双方开始注重爱与陪伴。而目前的婚姻发展已经进入第三个阶段——自我实现式的婚姻。人们越来越需要在婚姻中展现自我、感受到尊重和自身的成长。

这就对每一个在婚姻中的人提出了更高的要求，我们不仅会作为伴侣出现，还要能够在关系里作为一个独立的个体照顾自己的需要，帮助自己实现想要的自我成长。这就意味着，我们可能既会考虑伴侣的意见，也需要有更多的空间来完成自我定义，不断思考和确认什么样的生活对自己来说是有价值的、有意义的。婚姻虽然很重要，但已经不再是决

定我们人生方向的重要考量，而是会更多满足我们对于自己的人生定义。

　　那些彼此有着清晰自我定义的人将有机会结合成更幸福的伴侣，让婚姻成为彼此成长路上最稳固的支持！相反，如果你希望用努力和付出去获得认可，希望把对自己的定义建立在一段稳固的婚姻之上，就会在关系的碰撞里无比失望、伤痕累累。

　　在婚姻里，每一个不同的位置都有其自身的价值，最终你所处的位置在关系里有没有价值，不是取决于别人的看法，而是取决于你是如何定义自己的。只有你敢于定义自己并遵从自己的定义去做决定，你才会真正有机会看见自己的价值。希望每一位女性都能看见自己的美好，远离低价值的人生，勇敢地为自己活一次！

为什么越有自我意识，
关系就可能越和谐

相比本我模式，
自我意识模式才是一个可以
照顾自己、保护自己、成就自己的成人模式。

　　一位来访者问我："为什么做一段时间的心理咨询之后，关系变得更好了？"我问她："你觉得是什么发生了变化？"她说："好像都变了，我在变，周围人也在变。"我接着问："那你有怎样的变化呢？"她说："遇到一些事情，我不再像以前那样抓狂了。以前我又急又燥，又好像什么都做不了。现在，遇到事情，我可以自己先感觉一下自己的情绪，想一想问题是怎么回事，然后再看看自己可

以做些什么，别人能为我做什么。""当你这么做之后，周围人有怎样的变化呢？"我继续问。"当我可以冷静下来，我仿佛更有力量了，我不再轻易埋怨和指责别人，周围人也更能理解我，冲突和矛盾就变少了。其实，最大的不同是，我觉得自己真正具备了解决问题的能力！这种感觉真是太好了！"

很明显，这位来访者和以前相比，具备了更多的自我意识，她能不被问题带来的情绪所困去理解其为何发生，思考如何解决。

具备自我意识，是一个人真正对自己负责的方式

在一些婚姻里，我们经常看到有一类丈夫或妻子，他们说话非常直接，句句戳心，不给对方留任何情面。如果问及这么做的理由，得到的回复常常是这样："我说的不就是实话吗？夫妻之间难道还需要说虚伪的假话吗？"

"我对他说实话，是为了他好啊！" "我想这么说，所以就这么说啊，他不是也拿我没办法吗？"伤人的语言，如果带有一些事实基础，的确可能会让别人没法反驳，但自己也不会受益。

有人说，我才不管关系怎样，我不舒服了我就得说，让对方也不高兴。实际上，当真的把关系搞砸的时候，自己也会很难过，又会回过头来埋怨自己。这就是本我的模式。

本我只是一个不懂得运筹帷幄的孩子，喜欢情绪化行事，看不到给自己带来的伤害和损失。而如果真的惹出问题也无法承受后果。本我模式的特点是非黑即白，要么全是别人的错，要么全是自己的错。当觉得全是别人的错时，便会有理由任性地去伤人；可是若真的伤到对方时又十分后悔，觉得全是自己的错。

在本我模式时，我们不会有太多的自我意识，一切全凭着感觉，对于解决问题和自我成长不会有任何帮助。和本

我模式对应的是自我意识模式。

自我，是本我和超我的中间协调人，会调节自己所处的位置，既不过度任性，也不过于严苛，让自己更具现实功能，最终让自己受益。相比本我模式，自我意识模式才是一个可以照顾自己、保护自己、成就自己的成人模式。自我意识就是你对自己和别人的意识，以及对所身处的关系的意识。不仅仅只是在感觉里行动，而是你先破译了自己的感觉因什么而起，明白了发生的问题是怎么回事，跟自己有着怎样的关联，也清楚地知道了自己的需要和渴望。在这个基础上，你便可以做出选择和取舍重新选择自己的位置，获得需要的被满足或者接受失望，而不是任由本我来操纵自己的幸福。

当一个人接受无力的时候，就可能启动本我模式

无力解决问题的时候，就会对别人格外期望，如果别人再让自己失望了，那埋怨、指责、愤怒就开始了。当一个小孩想要个什么东西时，从本我模式来看，可以直接躺在地上打滚，如果家长不理他走掉，小孩又会感觉十分羞耻。这样的方式常常是不奏效的，既没有获得满足，又羞辱了自己。而一个稍大点的孩子，就会评估怎样更简单、更容易得到自己想要的东西，比如表达出自己的渴望，提出自己需要的理由，或者用其他方式去交换。这带来的好处是，你的需要可能被满足，即便不被满足，也不会让自己受伤。

一个人越有自我意识，就越能分辨出自己能做什么、别人能做什么，对别人也不会抱有过高的要求。

很显然，即便某些关系的问题仍然存在，但通过足够的自我意识的启动，在关系里人会从无力变得有力。问题还是问题，而我们却可以变得更能解决问题。如果不加意识的

话，我们可能不会明白，有时候我们并不想解决问题，也不是想把问题的责任推给别人，只是我们太无力了，却又无法接受自己的无力。越不能接受，就越是渴望在关系里通过讨好和付出来获得更多的满足，却更容易失望。所以，处在本我模式的人，不只是对别人的要求很高，也因此付出了更多的牺牲。而在有自我意识之后，我们会对自己的部分负起责任，同时也会相应放下更多不属于自己的责任。

所谓了解自己，
就是安静地去看自己演戏

埋怨别人、攻击自己、等着他人来解决问题，
其实是一条最轻松的路，也是一条最没有希望的路。
他们只是无聊，但不痛苦，却让看戏的人很痛苦。

以前我总是不明白：为什么有些人在关系里看起来很痛苦，但既不会求助，也没有觉察和反思。后来，从一些获得改变的来访者那里，我找到了答案。他们告诉我说："心理咨询不便宜，还费时费力，不让人舒服，但是我为什么下定决心要做，因为与我承受的痛苦相比，这根本算不了什么！"换句话说，但凡生活里还有其他的退路和选择，他们都可能会退缩。之所以勇往直前，是因为这条路虽然很辛

苦，但是不成长却更痛苦。真正的痛苦，自带一种扭转乾坤的影响力，会让你清楚地明白，在它面前所有的哭闹、喊冤、委屈都通通无用，你只有先束手就擒去安静地看看发生了什么。

我们再来反观每天说自己痛苦的人，比如：

"我很痛苦，我怎么得不到？我怎么做不好？"

"我很痛苦，他为什么不理解？我怎么这么糟糕？"

"我很痛苦，我不配做一个好妈妈／好父亲？"

"我很痛苦，你怎么不给我建议？你为什么不能为我找到出口？"

听起来，句句都很痛苦，却一直有力气重复去说痛苦。

那是因为，他们只是演员，他们并不真的痛苦。演戏的人并不痛苦，却让看戏的人很痛苦。

　　我经常听到一些来访者跟我说："我经历过，知道心理咨询有用，但是我跟身边那些痛苦的朋友讲，我非常清楚这能帮到他们，但他们都不愿意。"这很正常，看戏的人总是比演戏的人痛苦。拿生活中常见的例子来说，很多孩子从小在父母的争吵中长大，有些父母分分合合，伤害、原谅，又和好，时而天崩地裂，时而天地和谐，这样的反复折腾，让孩子非常痛苦，是为什么？因为，父母是演戏的人，孩子是看戏的人，孩子必然比父母痛苦。

　　爱尔兰剧作家塞缪尔·贝克特有一部很经典的戏剧叫《等待戈多》，讲了两个流浪汉一直在等待一个想象中的戈多，一日复一日，戈多却一直没有来。等待戈多，是他们生活唯一的目标。但是连戈多是谁，为什么要等他，他们自己也搞不清楚。他们在等待的过程中太无聊了，无聊到要用裤腰带上吊，裤腰带却不堪重负而断掉了。

　　他们也曾商量过要离开，不要等待，可是每一次说好了要走，还是在原地不动。

这是一部让人看着十分煎熬的悲剧，他们一直在很认真地折腾，却什么也没有做成，谁也没有来，哪里也没有去。这部戏里的场景，跟那些习惯埋怨痛苦的人没有任何差异。

埋怨别人、攻击自己、等着他人来解决问题，其实是一条最轻松的路，也是一条最没有希望的路。他们只是无聊，但不痛苦，却让看戏的人很痛苦。

看戏的人有意识，看到他们为没有希望的事情而消磨时间，演戏的人却没有意识，他们便一直活在假想的希望当中。似乎很难分辨清楚是一个人先有意识，还是先感觉到痛苦。这两者往往总是同时现身的。

演戏是轻松的，安静看戏却是最难的

我觉得《等待戈多》这部戏剧可以用来训练心理咨询师，也可以用来修炼急性子，在沉不住气的时候，就去把

《等待戈多》不带快进、完整地看上一遍。等看完十遍之后，便可以安静地去看别人的人生之戏了。

几年前，我见一个家庭，青春期的大孩子低头坐在父母中间，正为父母的关系痛苦万分，一会儿指责父亲的无能，一会儿埋怨母亲为什么不离开。坐在两旁的父母相望无言，你看着我、我看着你，完全不明白孩子为什么痛苦。

我让孩子挪到我的身边坐下，问他："我知道你的痛苦很重要，但可以先陪我一起来看会儿戏吗？"孩子终于抬起头来，仿佛是第一次认真地打量父母，父母却不好意思地笑了。我对孩子说："看戏需要入戏才过瘾，你可以哭、可以笑，但不能总想着改剧本。"孩子说："老师，我懂了！"

像这样，孩子即便入戏很深，抽身出来也算容易。

但如果你要看的是一场自己演的戏呢？你看着自己一直在等待的那个"戈多"，可能只是个幻觉；你看着自己天

天说着傻呵呵的台词，还那么当回事；你看着自己非常无聊，却要一直这么无聊下去……你绝对不会像只演戏一样轻松，痛苦感便会油然而生……

对于自己来说，我们是角色本身，也是那个需要去看戏的人。如果说演戏就像潜意识自动运行，看戏就相当于具备意识。

我们每个人都是演员，一辈子都离不开演戏。但只要不去看自己演的戏就不会真的痛苦，所以才有很多人会用埋怨痛苦来逃避痛苦。

这就是为什么不断重复台词"你不好""我不好"，会说"快帮我远离痛苦"，最真实的目的只是为了不去看自己演的这出戏。而一个人不去看戏，既是为了回避意识带来的痛苦，也因为他们隐约感觉到了自己在演一场悲剧。

看戏让人痛苦，也让人有了重生的机会

如果你看懂了一场自导自演的戏，可能会煎熬，也会痛苦。但除了这些你不想要的感觉，你还可能有冲动要扔掉剧本，说："我再也不想演这个破角色！"

别人的人生角色，你只能看，不能做任何修改；自己的人生角色，你却完全有能力改变，特别是当你每多看一遍自己的角色，你就越有可能离开这个角色。

比如，你要在亲密关系里演这样的一场戏。你想要更多的被爱，于是使劲儿地去要、去乞求、去迎合，却一直没有得到。

接过这部戏，你要演得像个婴儿一样，躺在摇篮里号啕大哭。

哭够了还没人来满足，就需要接着大喊："你为什么不

给我吃奶（爱）？"喊过了又得接着哭："还是我不好，我不值得你给我奶吃（爱）！"

这部戏如果演起来很舒适，你想演多久就演多久，你可以让"你不好"或"我不好"的模式循环一万年。但只有一个条件，每演完一场，你就要回头去看看你演过的这场戏。只是多了这一个条件，猜猜结果会怎样？

不用我说，大家都很明白。这就是心理咨询可以让人更快成长的根本原因。当你不得不没有选择地去一遍遍看自己演的戏，你会痛苦，也会重生。

悲剧可以直接落下帷幕，让遗憾永远留在心中，但人生一旦开始有意识就具备了无限可能。只会演戏便无法选择生活；会演戏也会看戏，才拥有选择人生剧本的机会。就像你刚执掌自己人生的方向盘，哪怕一开始你的车技很蹩脚，也会越开越顺溜。演戏的人只会喊痛，看戏的人会去跟那些嘴里的痛苦对号入座。从你会看戏开始，痛苦便不再是无足轻重的，而是实实在在的存在。

　　当痛苦被自己看见，一个人便能从一个糟糕的剧本中苏醒过来，活出实实在在的自己。此生，愿你做一个会演戏也会看戏的人！

感情中无法言说的委屈，

都是源于对自己的失望

2
part

接纳：

接纳带来自由与爱

你不需要再伪装成一个
情绪稳定的成年人了

情绪是我们感受自己、觉察自己最
重要的信号系统，我们需要根据我
们的情绪变化来体会自己在哪儿。

      前几天，我见过一个 10 岁出头的孩子，虽然是一个单亲家庭长大的孩子，但是认知和情感表达一点儿都不比别人差。他跟我谈起有一次被同学误解的经历，然后同学好长一段时间都不理他，他心里有委屈却说不出来。在家里，他也经常被误解，每次他都十分生气，家人却觉得他太情绪化，想要他改变一下性格。后来，谈到同学知道了事情的真实经过来跟他道歉，他说："我明白了，哪怕我觉得自己当时做得很好了，别人还是会觉得我不好。可是，我没有别人想象的那么好，那又怎样呢？"是啊，我们没有别人想象的那么好，那又怎样呢?

越努力照顾他人的感受，越容易情绪崩溃

这个小孩其实比一般的孩子都要懂事，他知道家里每一个人的辛苦以及对他的恩情。所以，他总是努力替妈妈考虑，替外婆、外公考虑，然而，尽管他已经做到超出一个孩子的分量，他的家人还是会误解他。

这时候，他那些不被看见的努力和善意全都变成了不被理解的委屈，委屈越多他就越愤怒，最后对家人的一点儿误解也无法容忍。然而，从表面上来看，别人会觉得你这个孩子怎么可以这么对家人发脾气，反而会认为他的情绪控制能力出了问题。从他面对同学的例子中，我们可以看到，他其实并非是一个无法忍受委屈的孩子。只是，对于在这个世界上最有可能理解他的人，他越努力就越失望。

　　无论是在亲子关系，还是亲密关系中，我们都很容易看到这样的例子。当我们越在意一个人，对关系寄予更高的期待，努力去做到最好，就越容易对关系感到失望和愤怒。

　　许多关系里的暴怒和情绪崩溃都是这样来的。因为你足够努力，所以就特别希望别人可以懂得你传递的情感以及可以更好地看见你。可是，在现实中，常常事与愿违，当这些在关系里的努力不仅没有被看见，反而被误解时，我们的感觉糟透了，一边愤怒地觉得"我做了那么多，你怎么就看不见我呢"一边又会自我怀疑"是不是我对你来说真的不重要"。

你活得辛苦，是因为你习惯了照顾所有人的情绪

　　有一位女性来访者说："我活了 30 多年，一直觉得很压抑，现在想起来似乎我一直都在照顾别人的感受。小时候照顾父母，上学了照顾同学，结婚后又照顾老公，有了

孩子又照顾孩子，他们每一个人的感受都比我自己的重要。"我每天都在努力照顾着所有人的感受，可是谁来照顾一下我的感受呢？"

这位女性经常感觉很累，身体也接连出现状况，因为她每天忙着去照顾他人，自己就堆积了太多无法消化的情绪。

她想着要做好，要照顾别人，每天活得小心翼翼，做一件事情前要反复斟酌，做完之后也要反复思考对错，这样的内心排练和斟酌已经占据了她每天的大部分时间。然而，尽管她做了这么多考虑、努力以及准备却没有人看见，也没有人体谅她内心的苦涩和艰辛。如果不照顾别人情绪会怎样呢？她似乎从来没想过，好像生来就该为照顾别人而活。可是，我们每一个人来到这个世界上都可以有自己独立的存在价值，只是一开始她不被允许，后来也就慢慢习惯了这个照顾别人的角色。然而，无论迟早，这些错位的扭曲碰撞总会让我们从痛苦中惊醒，撕破那些曾经辛苦建立起来的看似完

美的粉饰，开始寻找自己独立的存在价值。

我们都不需要再伪装成一个情绪稳定的成年人了

　　我们都在说："成年人的崩溃，是寂静无声的。"越是那些看起来最理智最平静的人，默默忍受着一切的人，越容易悄然无息地崩溃。如今，依然有很多人希望自己可以成为一个情绪控制能力超强的人，活得潇洒自如、云淡风轻。可真正到了实际生活中，常常一点儿小事，也会在内心里激起千层浪。如果我们要照顾别人的感受和看法，就会觉得自己有这样的表现太丢人了，太不应该了。然而，如果我们站在自己的位置去理解自己，就会发现不论别人怎么看，自己的情绪存在即合理。实际上，情绪是我们感受自己、觉察自己最重要的信号系统，我们需要根据我们的情绪变化来体会自己在哪儿。所以，那些希望通过破坏情绪信号系统来获得自我稳定的愿望是不可能实现的。

我们越忽视这个信号系统，越假装情绪稳定，就越容易无声地走向情绪崩溃。想要真正的内心稳定，就得允许情绪波动自然而然发生，允许自己可能会有委屈、恐惧和焦虑，允许自己可能会在关系里感到委屈、内疚或者愤怒，这才是真实。

允许自己如其所是地去靠近自己的情绪，我们就开始把自己放入关系之中，当我们允许自己有这些情绪存在，也就能够允许别人有这些情绪。

这样我们就会理解，我可以对别人有情绪、对别人失望，别人也可以对我有情绪、对我失望，我可能真的没有别人想象的那么好，那又怎样呢？

我就是我啊，我的确没办法活出你想象中的完美样子啊！但这并不代表我的存在没有价值。如此，我们才能放下关系里那些我们用力去承担的部分，放下那些我们为了关系理想化的完美而追求的过度付出，敲碎那些假装的努力，回到真实的自己这里来照顾自己的感受，开始考虑自己的需要和意愿。当我们处在一个过度照顾别人的关系里，总有一天这些关系都会让我们无比失望，于是不得不退回来重建自己，重新开始确认和整合自己。只有经历过这个阶段，我们才能真正在关系里感到稳定。

情绪稳定，并不代表自我的稳定。只有当我们不去追求表面上的情绪稳定而忽视自己时，我们才有可能走向真正的内在稳定。

真实和完美，
哪一个对你而言更重要？

对于我们想要追寻的真实和完美，

其实没有哪一个是更好的标准答案。

真实和完美，哪一个对你而言更重要？

几乎所有人都知道这样一句话：真实比完美更重要。看起来非常正确，然而你真的这么觉得吗？追求完美的人，经常会这么想："只有足够完美，我才会被爱；只有做得足够好，我才是有价值的！如果我做得不够好，那我就是糟糕的！"而活得真实的人，会觉得："即使我不完美，我也是独一无二的，我依然需要被珍惜，我相信自己值得被爱！"

　　要真实还是要完美，二者相比，我相信很多人都会选择真实，因为它看起来更乐观、自信，活得真实！那么，追求完美是不是就应该被否定，或者被认为活得没有价值呢？

　　我有一位女性来访者，一直感觉很自卑，她在婚姻里付出很多，然而先生却出轨了。

　　即便如此，也阻挡不了她对家庭的付出，她常常十分疲惫，又十分委屈。

　　她的朋友们都劝她吸取教训，不要再如此追求完美。然而，道理她都明白，但一回到婚姻里，她就像一个上好了发条的钟摆，忙得停不下来。每一次她先生让她痛苦的时候，她又会十分后悔，觉得明知道这样不会有好结果，却还是如此，她很厌恶这样的自己。在现实生活中遇到问题时，很多人都像我的这位女性来访者，知道很多正确的道理，却因为无法做到而加深了对自己的否定。

有很多人都明白这个道理，想要活得更真实，然而到了现实生活中，就会不知不觉地为了完美死磕，并且经常因为不完美而挫败。当我们无比相信一个正确的道理却没有真正理解这个道理时，道理就会限制我们自己。

对于这位女性来说，追求完美的模式一直都是她所有快乐的来源，这自然不是轻而易举就可以撼动了的。

否定她所站的地方，也就相当于全部否定了她自己。所以，我们真正要解决一个心理问题，常常不能像打勾、打叉，再订正答案一样容易，只有先去理解问题里潜藏的资源，通过这些资源看到自己在哪里，才可以陪伴自己往前走。

对于我们想要追寻的真实和完美，其实也没有哪一个更好的标准答案。重要的不是要如何选择，而是你的内心早已替你做出了选择，我们只需要看到哪一个对于目前的你来说更重要。

没有对完美的渴望，就没有对真实的接纳

有一位读者说："一直很向往能够提供靠谱、有价值建议的人，很渴望跟这样的人接近，觉得能启发自己。当他们没有及时回我信息时，我就会感觉失去了精神支撑，非常孤独。"这位读者看似在追求一个能提供更靠谱建议的人，实际上她却是在追求一个更完美的自己。

她为了避开不正确所带来的自我否定，所以希望借助他人来做出准确的判断。那么，为什么一个人会对完美有着如此强烈的需要呢？

实际上，我们每个人在感觉里都是追求完美的，特别是小时候，会很容易自恋、夸夸其谈，有不切实际的梦想。如果你的养育者特别严厉或者务实，喜欢跟你讲现实的道理，你可能会被过早地教育成为一个懂事、早熟的孩子，这个位置更安全，只要你多懂得这些道理，你就可以秒杀所有的同龄人。然而，你的内心依然渴望完美，不过不是自己感觉里或者想象中的完美，而是追求只有符合他人的期待才会被认可的完美。

儿时渴望自己变得完美的感觉如果被养育者接纳，那么长大之后就会变成你追求自我实现的雄心和抱负；而渴望自己变得更完美的感觉，如果被养育者否定并认为你只有怎样做才是对的，你就会为了完美一直希望有个人来修正自己。当成为后一种时，我们越想变得完美，实际上就在离自己的真实越远。

这种完美看起来似乎挺好的，却因为没有生命力而失去吸引力。越是如此，就容易感觉到自己不被认可，不被喜欢，于是越是要抓住唯一的希望去寻求他人有价值的建议。

这就好比，同样是鸟，我们一开始都不会飞，有的鸟会被允许去飞，虽然也飞不好，但慢慢就可以飞得越来越高；还有一些鸟，因为养育者的焦虑，一开始就被保护得很好，只允许在笼子里飞，然后就习惯了找各种不同的笼子去

飞，感觉处处受限，却不敢飞去广阔的天空。

即便你感觉自己还是一只笼子里的鸟，在哪里飞并不是我们的错，我们仍需要回到自己最初的渴望里来，理解自己虽然一直渴望得到他人的建议实际上是希望自己有一天可以成为一个很厉害的人。只有当我们逐步还原自己的感觉，而不是一直站在行为的位置去评判时，我们才会钻出那个一直禁锢自己的笼子，把对完美的追求指向更广阔的天空，接着才会有对于眼前真实的逐步接纳。

重要的成长，就是理解和珍惜你感觉里的位置

所以，成长没有快捷键，最重要的是需要一步一步地走下去。如果非常渴望快一点儿，就选择一个安全的笼子来试飞，这就变成了舍本逐末。

有很多人都喜欢问一个问题：我怎么做才是正确的？

　　实际上，无论我告诉你的看似多正确，这都不够正确。如果你有机会耐心地理解自己的话，会发现没有什么能比你的感觉更正确、更重要。

　　去体会和识别你的感觉，哪怕因为这些感觉，你可能会犯错，会偏执，会变得不太成熟、不切实际。这些都不重要，重要的是你会清楚自己在哪里，以及要去往哪里。一开始，当我们允许自己保存一些完美的期待时，才会因为追求这种完美而有机会获得确认并接纳真实。一开始，当我们就想要必须贴近真实时，就会因为一直活在真实里，却又在错失之后一直在用行动寻找感觉里的完美。

　　在很多人的成长经历中，都有着不同程度的创伤，我们原以为有些路走过了，有一些坑洞就留在过去了。实际上，那条从过去通往现在的路恰恰是我们现在每天正在走的路。会走错路没有关系，但是我们的感觉不会欺骗我们。只要你允许回到自己的感觉里，就可以修好那些过往的坑洞，再一次按照自己的意愿活一次。

　　所以，对于真实和完美，没有绝对的对错，只有此刻
你在哪里，什么对你而言最重要，在这些背后又隐藏着怎
样的感觉。其实，这并非是一个非此即彼的选择，完美更
多存在于感觉的位置，而真实更贴近现实，你会发现这都是
你自己的一部分，我们只需要看见并通过他们整合出一个更
完整的自己。

所有亲密关系中的伤痛，
都早有预谋

有时候，我们总以为相信别人人生就会少走弯路，
可是最终你发现，这种相信让你走了好大一个弯路。

中年危机，已经成为被公认的难题。这不仅是因为很多现实的问题，比如经济压力、社会身份焦虑、忙到分身无术等，还有关系的问题。曾经，我的一位来访者提过一个问题，她说："我不明白，很多问题其实早就存在了，为什么人到中年才一个个凸显出来？"

照理说创伤发生在什么位置，伤痛就可能发生在什么

位置，只是问题需要时间才能浮现出来。但如果我们从伤痛中往前看会很容易发现，这些亲密关系中的伤痛其实早有预谋，只是我们最初都更愿意相信自己会是个幸运者。

为什么很多人会在亲密关系里痛苦？

小琴，35岁，一直觉得自己的婚姻很幸福。她觉得自己有一个特别好的丈夫，无论做什么对方都很照顾她的想法，结婚十年，他们从没有过争吵和矛盾。然而，这段在别人眼里看起来极其完美的婚姻突然就崩盘了。丈夫不顾一切地要离婚，不论会给他事业带来多么致命的打击，也不论别人怎么看，甚至为此连他自己的父母都可以不再来往。

小琴面对突然的变化措手不及，她一直为自己得到了理想的婚姻而庆幸，而如今她眼里的美好突然全崩塌了。有着高学历、高收入、良好的外在形象以及出色谈吐的她，找不出任何丈夫会背叛她的理由。她努力做到了自己能做的最好，可最终还是没能留住一段关系。她去跟妈妈诉苦，妈妈说："总是你有什么问题，人家才会离开你。"以前这样的话，她也常听，倒觉得很正常。可是这个时候听到妈妈这样的评价，她却忍不住大哭起来。妈妈看着她难受，于是又安慰她说："没关系的，妈妈相信你可以找到更好的人！"

　　她突然感到很愤怒，想到了从小到大妈妈都是用这样的方式对她。上学时，她不知道怎么跟别人相处时，妈妈对她说："你只需要好好学习，别人自然会对你另眼相看。"第一次恋爱结束时，她很痛苦，妈妈对她说："你只需要好好发展你的事业，自然会遇见更好的男人。"第二次恋爱时她对关系有些失望，妈妈对她说："他有这么多问题肯定不行，你要找一个对自己好的人。"然后，她遇到了自己的丈夫，对她极好，百依百顺。事业成功、婚姻美满的她满足了妈妈对她所有的期望。"你要努力学习，有一份好的事业，要有经济地位，然后找个对你好的人。"许多的父母都对孩子有过这样的期望。然而，为什么小琴会对妈妈愤怒呢？

因为看到真相的她再也无法相信妈妈说的话。她已经足够成功了，她已经完全可以自给自足过上很好的生活，可是她对关系的理解至今还一片空白，她不相信自己能遇见一个更好的人，甚至她连再进入一段关系的勇气都没有。

把这一切怪罪在妈妈身上，是因为很多年以前，她就有了很多迷惑和不解，但因为相信妈妈说的话她才抱着幻想走了很远的路，可如今又回到了多年前无法面对关系的时刻。直到不再相信妈妈的话之后，她才恍然大悟，原来自己一直无法面对的问题也恰好是妈妈无法面对的问题。

妈妈在她很小的时候就跟父亲离婚了，从此之后，妈妈再也没有重新去爱，甚至跟周围人也少有往来。原来妈妈一直给她指的路都是妈妈自己未曾走通的路。所以，问题终究还是暴露出来了，然而妈妈也一样很无力，对她的婚姻感到很失望，除了责怪她不好，就是极度理想化地给她安慰。

为什么总要经历一段时间，问题才会被凸显出来？

我接过很多亲密关系问题的咨询，很多来访者都谈到一个同样的问题：关系里遇到问题，明明自己已经痛苦得要死，然而父母不仅看不到、不理解，还一个劲儿地要自己忍耐，或者让自己去迎合对方。甚至，对有的父母来说，让孩子保全一段婚姻的完整，不论婚姻是否幸福，他们就可以安心了。甚至，有很多父母不理解，自己可以忍耐婚姻中的不满意，而孩子为什么不能忍受。这是很不一样的。

绝大多数的父母是未经觉醒的一代，忍耐保全婚姻对于他们意义重大，并且他们可以为了孩子完全放弃自我，然后把本该对自己的期待全部转移到孩子身上。等到他们真的有所领悟时，可能都已经不再有时间去重新面对自己和关系。而孩子会有很大的不同，当孩子遇到问题，顺着父母传递的经验去走时，他们很可能只用一半甚至更短的时间就走完父母的老路，然后就不得不跟问题正面相遇。

　　问题已经出现，可人生还有大把的时间，这促使人们在父母提供的经验之外寻找自己要用怎样的方式走完一生，这就引发了自我觉醒的需要。就像前面的小琴，她用两段恋爱和一段婚姻确认了妈妈的建议只是让她避开了关系里无法面对的问题，而这个问题恰好是妈妈自己不能面对的问题。所以，大多数难以面对亲密关系的人都会发现一个问题，就是很多关系里不简单的问题往往被父母看作是极其简单的，然而最终你会发现其实这些简单是他们想象出来的，因为他们自己也不曾真正面对过自己关系里的问题。

　　很多父母会指导孩子去自我实现，试图用外在的条件去掌控关系；也有的父母因为自己关系很糟糕，反而给孩子灌输很多对关系理想化的期待，让孩子尽可能去寻找一段完美的关系。总之，他们假装自己很懂某个问题，让你按照他们的指示去做点儿什么，他们会更安心一点儿，但这并不意味着对你的成长会有用。

　　直到转了好大的一圈，你以为已经走得足够远了，甚至你都从内心觉得跟他们已经是天壤之别了，恍惚间，你才发现自己走到了跟他们相同的位置。

你才会看到一个真相，前面没有路了，他们就一直在这个找不到出口的死胡同里一路指挥你到达他们所在的位置。一切的希望和幻想褪去，自己其实又回到了原地，只是这一次你或许不愿意再相信他们了，而是更想相信自己一次。有时候，我们总以为相信别人人生就会少走弯路，可是最终发现，这种相信让你走了好大一个弯路，这时你再去相信自己就不会有那么大的障碍了。如果怎么都会走弯路，那还不如走自己想走的弯路。

走出荆棘丛的唯一方式，是让自己坚定不移地往外走

人到中年醒来的痛，很多人无力承受。这就好比，你过去一直在沉睡，感觉生活挺舒服的，可是当某一天醒过来，身体传来痛苦的感觉，你迫不及待地睁开眼，发现自己

躺在了一片荆棘丛中了。

你感觉无辜死了，这本不是你的错，但这些痛苦都需要自己一个人来承受。承受不住痛苦的人会想闭着眼睛继续睡过去，好让自己感觉不再那么痛苦。还有的人可能会想尽方法来让自己避开痛苦，但每个人都可能在尝试很多种方法之后才恍然大悟，除了自我成长并带着身上的痛苦走出这片荆棘丛，没有别的路可走。

我的有些来访者个案，有时候会嫌自我成长太慢了，不能立刻去让关系发生变化。然后，试过很多速成方法，甚至重新经历过几段关系之后，他们又回来了。每个人都常常在碰过很多壁之后才会明白：有时候最慢的路恰好是最短的捷径。

1. 看清自己所在的位置

如果你正躺在一片荆棘丛中，怎么动都会痛，最重要的是你需要在动身之前先看清自己所处的位置，知道自己怎样才可能走出去。有很多人都不屑于去做这样的努力，对自己和问题缺乏探索的耐心。他们只想去走，去改变。实际上，怎么走都是痛，待在原地也是痛，但看清楚后再走，你的痛苦在心里就有了意义。如此，痛苦就不再是遥遥无期、无法忍受的了。

2. 确定自己要走的方向

看起来最有希望走通的路，常常却没有出口；而那看起来不是疗愈的路，却能把你带出荆棘之外的地方。所以，不要急着做什么，你并非需要什么都改变，你需要在清楚自己的位置之后再锚定方向，这样才能把所剩的力气都花在刀刃上。

3. 寻找一切资源，帮助自己去成长

走出来是不容易的，大多时候，我们今天的样子是家

庭塑造的，光靠自己和家庭的力量已经不能再支撑自己走上新的轨道，这时候我们需要通过其他资源来帮助自己，比如，一个前辈或者老师，一个懂你的朋友，一个心理咨询师，等等。当然，这个过程也绝非是一蹴而就的，无论是伤痛的发生，还是伤痛的修复，都早有预谋，越早看到这样真相的人就越有机会重新改写自己的人生。

关系里的不如意，
是让你更懂得去爱自己

或许很多女性都跟她一样，
一开始都觉得很多事情比自己更重要，
会选择习惯性地忽略自己，
直到遇上一些关系里的不如意，才开始关注自己。

　　一位来访者的先生出轨了，让她把原本对未来的计划都一下子提到了眼前。她重新规划自己的职业发展，准备考研，盘算自己的财务状况，认真考虑可能出现的现实危机。以前的她也一直在酝酿改变，但总好像缺了一些动力。如今出轨这事，就像临门一脚直接把她送进了快车道。在没有经历这件事之前，她总觉得和先生的人生是一体的，为他

好，也就是为自己好，只要看着他越来越好，自己的人生必然就会越来越好。可是经过这件事情，她再也不会这么认为了。她开始第一次认真地考虑自己的人生！或许很多女性都跟她一样，一开始都觉得很多事情比自己更重要，会选择习惯性地忽略自己，直到遇上一些关系里的不如意才开始关注自己。

感谢那些出其不意的变化吧，或许真的能让你变得更好

在我大宝出生的那年，我被公司辞退了。那是一个很特别的公司，很多老员工都是一干就几十年，直到退休。被辞退后，一开始我是发蒙的，之后更多感觉到的是羞耻还有对自己的不认可。但我想明白了，对于过去的所有工作，我并没有懈怠过。

我尽力了，只是结果并不是我能控制的。想着这些，

我释怀了。既然一条路不合适，那就换一条路走吧！

从那时开始，我才第一次认真地考虑自己的未来，才有了后来清晰的职业转型和发展。

我想如果没有那一次的被辞退，我或许真的会守住那一份工作稀里糊涂地过上很多年，可能三五年，也可能是十年、二十年。

想想反而觉得那样的日子更可怕，看起来很安稳，但就像温水煮青蛙一样，只是任由时间流逝，没有认真地想过自己要去到哪里。

直到被辞退，就像随波逐流的我被一个巨浪猛地拍到了石头上，我才幡然醒悟：我不能再只是为了一份工作去努力，我该好好考虑一下自己要过怎样的生活。

无论是我自己，还是我陪伴过的遭遇关系和现实突变

的来访者，我都有一种强烈的感觉：如果生活不曾被强烈地冲击砸开一道裂缝，我们就不会主动去寻找里面的那些亮光。

这些亮光，就是对于自己的看见和省思。

看起来是变化让自己措手不及，也可能是自己的主动吸引

面对毫无预料的变化，我们常常会觉得太突然了，犹如晴天霹雳。但是很多人也告诉我另一种感觉，犹如靴子落地的踏实。当我的来访者面临重大变化时，我时常会邀请他们跟我一起去好奇：为什么变化是现在发生，而不是过去发生？

在这里面，我们往往能找到一些线索。比如，有的人会告诉我："或许过去我也会感觉到一些不对劲，但是我不

会停下来，不会去深究里面有什么；而现在的我这么去做了，然后发现了更多的真相。

"这些真相，又促成了我去采取一些过去不会做的行动。"后来，恰恰是这些行动改变了他们的人生轨迹。

这个过程表面看起来很简单，好像全是一种偶然，实际上更像是一种必然，是一种内在渴望成长的外在结果。就像我的那位来访者，在先生出轨曝光之前，我们已经做了一段时间的咨询，她已经有了足够的勇气来应对这次突发事件。于是，她去撕开了真相，促成了自己去走想走的路。

又拿我的经历来说，当时的被辞退看起来很突然，但其实是有诱因的。我深知这是一个传统的企业，无法接纳一些创新的想法，但是我当时还是选择大胆地提出来，实际上是我主动把自己推向了那个被辞退的境地。为什么我没有像过去几年一样继续埋头干活，安稳地拿着工资呢？或许是我的内心感觉到已经准备好了，一切看起来很突然，

似乎又是一种自然而然。这种变化的区别就在于：有时候，你明知道头上有一只靴子，你不会去把它捅下来；而在另一些时候，你会毫不犹豫地去把它给捅下来。这取决于我们的感觉，取决于我们的内心是否已经有所准备。或许当你真的感觉到自己可以 hold 住变化，就会迫不及待地促成这种变化。

就好比一颗种子，在长出小苗之前，已经默默无声地在土里长了很久，直到某一天嗖地一下突然破土而出。

这一天的来临其实并不意外。

很多时候，我们只是对于自己没有意识，所以不知道自己正在准备着什么，才会被某一天的变化惊讶到。而当你留一些空间给自己去细细体会，常常会发现突然的变化可能也是自己蓄谋已久。

我们需要的不是适应变化，而是不断适应新的自己

成长的过程需要直面不如意，也充满了不愿意和各种艰辛，如果不是内心极其渴望，谁又希望离开自己熟悉的位置去选择冒险。而当我们走进某一个困境，对周围的一切如此失望，感到无能为力时，才会第一次意识到自己才是终身最可靠的伙伴。

这种"有我"和"无我"的不同，真是天壤之别。遇到突然的变化，最考验的就是我们和自己的关系。就好像你即便潜意识里已经准备好了一场战斗，但是你在意识里可能还并没有准备好立刻就上战场。

你可能会一边埋怨自己，一边无比恐惧，另一边又不得不去面对现实的这场战斗，直到自己变得习惯，逐渐适应这样的状态。无论如何，你会需要一些时间去适应这个渴望突破的新的自己。

　　一开始你感觉他可能会给你惹麻烦，但最终他可能会让你过上更好的生活。经历了这个与自己并肩作战的过程，你会更加信任自己，跟自己结成紧密的联盟，敢于面对接下来的更多挑战。这个学习跟自己做搭档的过程，价值不可估量。

　　所以回头看看，似乎每个人的人生里都无法避免一些突然的变化，也其实根本不需要去避免。突然的变化，常常也有我们自己的参与，只是我们需要更细致地去觉察自己的意图，去了解自己通过这一次的变化长出了一棵怎样的小苗。然后，去陪伴和照顾好这棵小苗，把它当成你生命中更重要的事情，让它有机会长成参天大树！

接受孤独,
是一个人走向独立的开始

所以,在逃避孤独这条路上,
无论怎么努力,都不会有幸福的终点。

有一个读者问我:"为什么我这么努力成长,还是学不会爱自己?"她所谓的不会爱自己是指:一次次让自己陷入痛苦的亲密关系,碰到头破血流,失望至极后离开又选择另一段关系,上演重复的模式。

看起来,她的确不会爱自己,可是她那么痛苦,那么渴望改变,是什么堵住了她去爱自己的路呢?她说:"我忍受

不了孤独，不敢想象一个人的生活，所以我要不断跟另一个人建立关系，哪怕关系糟糕至极也好过没有人在一起。"

为了逃避孤独，留住关系，她试探、生气、威胁，甚至常常歇斯底里大爆发。当她在关系里得到回应，就有了一种爆棚的稳定感，而当对方没有满足她时，她就会像飞蛾扑火一样去纠缠，索要回应和满足。

她努力追寻一种能够满足她、避开孤独的关系，认为爱就是无条件满足，却一直没能找到一段这样的关系。有人说："若我们不愿意面对一件事情，常常不是你不能面对，而是你觉得这本不应该由自己来面对。"

这位读者觉得孤独是不应该存在的，所以她会觉得父母再好一点儿，爱人再体贴一点儿，朋友再温暖一点儿，自己就不会孤独。实际上，只要她希望存在一个人与人交互的真实关系里，孤独的体验就一定会发生。感到孤独不是评估关系好坏的标准，而是一个人自我意识萌芽的开始。

没有孤独过的人，不具备自爱的能力

爱自己的前提是你能够接受一个真实的自己，这意味着你得先允许一个真实的自己存在于关系当中。然而，当你在关系里不委屈、不压抑自己去跟对方保持一致，或者不用努力付出去获得认可时，这样的自己可能是跟对方以为或想象中有差异的。当这样一个独特的自己在关系里被呈现出来时，你很可能不会被理解，孤独的感觉就出来了。这样，看起来你有很亲近的关系，但却存在对方不接受或不了解的部分，让关系变得不那么亲近了。这种不亲近的感觉会让人焦虑和不安，因为往下滑可能就是孤独一人的境地。不敢面对孤独，就会在危险来临前做出这些选择：

1. 压抑自己跟对方融为一体：顺从他人。
2. 控制对方来满足自己：威胁或纠缠。
3. 在压抑和控制两个极端间交替出现。

不管是哪一种选择，都能暂时避开孤独的危险，然而

这带来的更深远的影响是：避开了孤独也就避开了在孤独中发展出爱自己能力的可能。也正是因为没有机会发展出自爱能力，当每一次孤独可能来临的时候就会引发一场心理上的巨大风暴。所以，很多人即便不断在争取、努力、改变，关系却一直没有变好的迹象。

在一段关系中，只要还可以选择逃避，带来的就是难以消除的危险警惕。一旦选择压抑和控制就可能在关系里变得极度敏感，常常做出连自己也很难理解的过激反应。所以，在逃避孤独这条路上，无论怎么努力，都不会有幸福的终点。如果你恰好遇到一个能满足你的好人，自爱能力就永远生长不起来，终归会失望痛苦；如果遇到一个很糟糕的爱人，你也难放弃纠缠去照顾自己，又只会把自己伤得更深。实际上，逃避面对孤独就是在逃避自己在关系里获得安全感的可能。直到你真的有机会掉入万念俱灰的孤独深渊，逐步生长出照顾自己的能力，才可以放下戒备去体验一段关系真实平等的样子。

允许孤独存在，才能区分自己和别人的不同

　　孤独是一种发生在关系里的体验，如果你仅仅是一个人，不会感到孤独。只有当你希望跟对方靠近一点儿，但又对靠近感到无能为力时，才会有孤独的感觉。比如说，当你渴望一个人可以理解自己，你觉得自己是值得被看见的，然而你却没有被理解时会感到孤独。又比如说，当你渴望自己可以理解一个人，你相信自己是有能力理解对方的，但是对方却拒绝给你深入了解他的可能时也会感到孤独。

　　也就是说，孤独是当你发射出一种渴望，而这种渴望没有被对方有效接收，最终被无效反弹回自己这里时，你才会有孤零零一个人的感觉。而恰恰是这种没有回应的感觉为关系带来了一种分化，清晰地划出了你跟对方之间的界限。在关系没有分化的时候，会觉得两个人的想法和行为应该是融为一体的，如果你有任何需要，对方就理所应当来替你做到；如果你感觉到对方有任何需要，也觉得你应当替对方去

完成。而分化之后，就会造成关系里的一种断裂，就好像婴儿和母体之间的脐带被截断了。这时候，婴儿开始作为一个独立的个体存在并不断完善自己，最终长成一个能自给自足的人；母亲开始接受婴儿的分离，把精力和重心重新放回自己的生活不为婴儿而活。

这样的分化，好像切断了某种现实的链接，却让关系从捆绑状态变得更自由，更有益于彼此都能在关系里找到一种更持久、更舒服的状态去滋养自己完成更多的自我实现。所以，在一段关系里，如果你从没有深刻地感受过孤独，就不会有关系的断裂和分化。

如果你要求在每一个惧怕孤独的时刻都有一个人来满足你、控制你或者是拯救你，就只能让自己处于一种依附的关系中，藉由一根链接他人的脐带获得养分。

接受孤独的现实，是一个人走向独立的开始

看起来，一个人可以做一些努力去避开孤独，实际上，当他这么做的时候，又无时无刻不在体验自己内心的孤独。也就是，拒绝孤独的人，实际上一直在感觉关系里的孤独，只是不愿意面对罢了。他们可能希望通过改变自己获得认同或者通过改变对方来改善关系，但其实什么都改变不了。

拒绝孤独，实际上是在拒绝接纳自己和别人的不同，拒绝自己可以存在一些独特的感觉。而一个人想要在关系里活得舒服，就必须接受自己和对方的差异。

一旦这样的界限被磨灭掉了，你就不得不为对方而活，或者让对方为自己而活，这就是关系痛苦的开始。所以，有的人不明白为什么一个人时可以活得很好，但进入两个人的关系就会很糟糕，这是因为只有在两个人的关系里才需要接受孤独的现实。当觉得自己不能孤独时，你实际上是在否定自己的感觉；而当在关系里感到孤独时，恰是去确

认、发展自己独特的最好时机，也恰是这样的真实才能让一个人能够学会照顾自己、处理自己的情绪，逐步从依赖转向独立。

常常有人以为，遇到一个完美的人或者说不再爱一个人了，自己就轻松了。实际上，孤独是在关系里永远无法避开的一种体验。一个人越能接受自己的孤独，对自我的保存就越完整，你唯有独自接受着一个无人能懂的不完美世界，才能一点点在这个空间里去形成自己对关系新的理解和认识。一个人的心理成长，可以用从天上到地上来形容。天上是夸大自恋的需要，只能接受自己是好的，同时就意味着自己是孤独的，是不被理解的。

地上是即便现实中有不好的，你也可以接受，这就是踏实的安全感。那天和地之间的衔接，便是去理解孤独自我的过程。首先我们需要接受关系里孤独的存在才能通过理解自己这样的降落伞作用，帮助我们从一个人的天上安全降落在有他人存在的关系大地上。所以，接受孤独是一个人从关系里确认自己的最重要过程。只有经历这个过程，才能真正在关系里建立起一个稳固的心理基础，支持自己可以自由地爱与被爱，并通过这样的关系滋养更好地去实现自我。

我们必须清楚自己在哪里，

而大多数想要自我成长的人，

正是因为还不能确定自己的位置，

哪怕学了很多正确的方法也用不上。

3
part

探索：

你是谁，想要去哪里

为什么方法论在自我
成长里派不上用场

能用上方法论的前提是，
我们必须清楚自己在哪里，
而大多数想要自我成长的人，
正是因为还不能确定自己的位置，
哪怕学了很多正确的方法也用不上。

从我出版第一本书以来，一直都有编辑向我提议，能不能写一本关于方法论的书，即让人们通过书里的方法和技巧实现自我成长。

对于这个提议，我一直都是抗拒的。

　　首先，从内心来说，我真的写不出那么多有效的方法；其次，如果真的将自我成长写成方法论，这就脱离了成长的本质。实际上，很多时候，我们无法获得成长正是因为太依赖于方法论。比如，有很多读者试图从我的文章里找方法，但是绝大多数都会失望而归，于是他们会说："看了这些我都懂，可是不知道怎么办啊！"这时候，不知道怎么办其实才是一个真实的位置，借助这个位置，我们可以去探索自己是怎么被困住的，有什么样的体验和艰难。一旦我们可以深入下去，对自己的经历有更多地感受和理解，我们也就踏实了，也就会不太着急于要怎么办。我们可以活在自己的经历当中，跟自己更契合、更靠近，被自己稳稳地接住，很享受这个自己去体会问题、理解问题和解决问题的过程，这种稳稳的掌控感会让你不再指望别人告诉你该怎么办。

成长的困境不是找不到方法，而是找不到方向

　　为什么很多找方法的人都活得很苦恼呢？因为找方法

实际上违背了我们的成长方向。方法是教我们如何面对一个眼前的困境，而方向是让我们把困境放在一个更大更长远的过程里来思考。只有清楚了这个困境对于整个过程来说意味着什么，我们才能安全地走出困境。否则，看似你想走出困境却又不敢走出，因为走出去之后，外面都是未知的悬崖，所以你就只得待在熟悉的问题里才更安全。

找方法是抓小放大，我们的眼睛只看着问题，也就解决不了问题；找方向是抓大放小，当我们真正理解了这个问题，就可以自己来决定它是不是必须解决以及用什么方式来解决；找方法让我们的生活变得小心翼翼，认为每一步都要很小心，很担心一步错就会步步错。找方向会让我们的生活变得很自由，因为你知道自己要去哪里，只要方向不变，不管你是走着去、跑着去、跳着去都没有问题。我的书和文章其实都在做这样一件事情，就是希望大家可以从中看到一个模糊的方向，顺着这个方向再去体会自己，找到你要去哪里以及决定用什么方式去到那里。所以，如果你已经看到这个模糊的方向了，对于如何去理解自己，让这个过程变得更加清晰，你就可以沉浸到自己的体验中去感受、觉察和整合，也可以选择一个适合你的心理咨询师去开始这个过程。

为什么方法论在自我成长里派不上用场？

自我成长是一件私人订制的事情。每个人的位置都不同，重要的是我们要对自己感兴趣，在自己的位置找到落脚点。如果你找不到自己在哪里，就会在你以为的但实际上不属于你的位置上做功课，总是会感觉很别扭、很不真实，也不会真的有收获。打个比方，按照自然的规律，每个人都有一片自己的田地，然后到了春天你开始耕作，种上庄稼，到了秋天就会有收成。你跟别人都一样，你意识到该耕作了，但是找不到自己的田地，你就会无比着急和焦虑；然后一着急随便就找一片别人的田地种上了庄稼，结果虽然是种上了，但这片庄稼却并不属于你，最终你就白忙活了一场。所以，如果你总是很焦虑，或者想知道现在该怎么办，或许此刻最重要的并不是要做什么，而是要先找到你的那一片田地。知

道要找到自己的田地是一个方向，如何找就必须通过好好地体验来完成。这个过程看似浪费了你种庄稼的时间，却能让你真正获得稳定。当你找到了自己的那片田地，哪怕不怎么费力气，随便种上三五棵葱蒜，心里也会很踏实，因为你无比确定这真的属于你。你真的确确实实感觉到拥有一些属于自己的东西，你就有根了，也就不再焦虑了。对于自我成长来说，有80%的功课在于要求确认我们自己所在的位置，只有如此我们双脚才能落地，才能有所选择和行动。所以，能用上方法论的前提是我们必须清楚自己在哪里，而大多数想要自我成长的人正是因为还不能确定自己的位置，哪怕学了很多正确的方法也用不上。

唯有深入地体验，才能让我们用上自己的智慧

对于自我成长来说，最重要的就是两件事情：一是找到方向；二是找到自己的位置。其实很多人都知道方向，但是在感觉里却很希望一蹴而就，比如：如果知道要到哪里

去，就会马上很想知道要怎样才能到那里。很显然，如何去
那里要用方法。但是你要能用上方法，前提在于你要清楚知
道你现在在哪里。如何去确认自己在哪里？我们就必须从自
己的感受和体验入手。比如，我以前写过文章讲，我们必须
接纳失望才能发展自己。然而对于有的人来说，他看了文章
也认同我的观点，但是在感受里却接受不了，这种关系里的
失望对他们来说无异于是晴天霹雳。在这个位置，他去学习
接受失望是没用的，因为这个位置的他接受不了才是真实
的。他需要有一个人容纳自己，理解自己的需要才能先发展
出一个比较稳定的自我，否则一建立关系就失望，那么建立
关系对于他们来说也就没有意义了，整个世界就变得没有意
义了。所以，如果我们不清楚自己，不去探索自己的位置，
就盲目地学习和模仿，这就等于在做无用功。对于自我成
长来说，方法永远是次要的，真正最核心的关键就是通过探
索和体验更靠近真实的自己所在的位置，这样每多走一步，
就会感到更加踏实安稳，也才能真正用上你自己的智慧和
能力！

一条帮你找回自我
力量的万能法则

你并不需要努力变成谁，
你只需要去不断搞清楚你是谁，你就会越来越有力量。

关于力量，这个世界上存在着两种截然不同的人。一种是，不断被机会叫醒去实现一个又一个的目标；另一种是，脑子里天马行空，现实却总是单曲循环着：没有动力，没有动力，没有动力！前者总是不明白后者为什么要有实际的行动会那么难；后者总是渴望成为前者，可三分热度过去又被打回原形。那么，一个人是如何失去自己的力量的？又该如何找回自我的力量呢？

无力不是一个问题，它只是呈现出我们与自己之间的距离

在心理咨询中，总是有很多人问我："我感觉很无力，我不知道该怎么办，你能给我一些建议吗？"这样问，是很想去解决无力这个问题，但是无论你给予怎样的建议、推动和支持，无力还是不能被解决。这是因为，无力并非是一个问题，它只是一种外在症状的呈现，我们要解决的并非是这个症状，而是需要通过无力去看见很多的线索。这就好像一辆车开着总是开不动，你觉得是油不够，可是加了油还是开不动，我们就要去看是否有发动机或者其他机械故障。同样，无力所呈现给我们的也只不过是一个困境而已，是指一个人在现在的位置上走不动了。那又是什么卡住他了呢？常常是因为他们所感觉到的与所在的处境不一致导致的，就是我们并不能感知自己处于一个什么样的境地里。

举个例子，比如我妈妈总觉得能控制我爸，所以她花了半辈子的努力试图改变这个男人，改变不了的时候就开始

各种埋怨和攻击。她很想通过努力走出无力的困境，但结果却背道而驰。卡住她的部分就是：她其实一直都感觉到了无力，但是她却从来都不肯承认自己无力。这其实就是，她一直都在欺骗自己，总觉得某一天要是我爸改变了，她就可以变得不无力，这种不无力就好像一直都没有发生过一样。而对于现实处境来说，不可能我爸改变了，她就不无力了。这就是说她一直站在一个关系里本不存在的位置，自然也就使不上力。所以，在失去跟自己感觉连接的这么多年，她看起来一直在辛苦努力，实际上既无法做出自己的选择，也无法真正改善关系，更无法好好地享受生活。我们可以这么说，当一个人感觉越无力，就说明他以为自己可以做到的和实际能做到的差距越大。这时候，我们就断开了跟自己内心的连接，自然也就失去了自己最原始的判断和力量支撑。这相当于处于幻想和麻木状态，感觉自己可以往前冲，却看不到前面的阻碍，也不知道自己走到哪里了，面对现实自然就会力不从心。

你感觉无力的地方，也恰是你最能成长的地方

我们前面讲到无力是因为失去了跟自己内心的连接。那么，我们又是如何失去跟自己连接的呢？一开始，为了生活得更轻松，我们多少都会跟自己玩些躲猫猫的游戏，即通过带上一些面具来让自己更少面对一些现实麻烦，这就是所谓的心理防御。防御在很多时候是必要的，最初你只是像变个魔术而已，把自己的心掏出来藏到另一个地方，过一会儿再放回来，反正怎么放你都记得，也随时放得回去，不需要任何担心。但是，游戏玩得太老练了，你自然就会玩出更多的花样。直到某一天，你把自己的心藏得太好了，又藏得太久，最后连你自己都忘了放在哪里了。于是，你带着一个没有心的躯壳，若无其事地往前走，并没有感觉到任何不对劲。直到某一天，某一件看起来别人都能做成的事，你也觉得自己应该可以做成却怎么也做不成，无力就出来了。所以，当一个人把自己藏在了没人知道的状态里，甚至连他自己都不知道时，就开始无力了。这时候，如果我们越试图摆脱无力，努力装得像什么都没有丢的样子，就会越无力。与此同时，虽然你无力，但你又是最轻松

的，因为你并不需要承担什么，只需要闷头往前走。而当你看见了自己的无力，你就有事可做了，这意味着你看到了一个需要成长的方向，就是帮助自己把丢掉的心找回来，你便不得不来承担这些责任。所以，大多数无力的人，都在努力做一件事情，就是努力去做些事情好让自己感觉不到无力，这样就不需要承担起自己的责任。无力的困境总是无法摆脱的原因就在于，太多人都不想承担责任，不想长大，所以也不愿意看见自己的无力。看不见无力，也就是无法顺着无力去找回那些丢失的自我部分，无力也就无法从根本上获得改善。没有人可以从无力里直接过上一段很有力量的生活，想要找回自己的力量，就需要先向自己的无力去请教，才能有机会去探寻其背后隐藏的宝藏和资源。

当直面自己，你会更真实、更自由、更有力量

无力是因为我们失去了跟自己的连接，我们失去连接，又常是因为巨大的创伤。我们之所以要跟自己玩特别猛的游

戏，那是因为在那里我们受到的伤害足够深。也就是说，在一个深深无力的自己背后是一个深深的创伤。这个创伤阻碍了你，同时它也在提醒你，你自己有很重要的东西留在这里了。唯有找回这些部分，才能重塑一个更完整的自己。它既是你的天赋所在，也是你复活的地方。无力的背后，就是你真实的自己所在的位置。你无法避开无力，正如你无法通过避开自己去过上自己想要的生活一样。如果你想变得更有力量，最重要的一点就是：直面过去的创伤，把丢失的自己找回来。你越感觉到无力，就越有机会感觉自己的创伤发生在哪里；你越知道自己被创伤卡在哪里，你的双脚就越容易落到地上，你的力量就可以失而复得。

实际上，当一个人敢于去往自己身后看的时候，就是在走向一条面向未来的自我承担的路，开始全面接管自己的人生。

所以，找回自我力量的万能法则就是：你并不需要努力变成谁，你只需要去不断搞清楚你是谁，你就会越来越有力量。举个例子，可能你每天都不想上班，因为你觉得

凭什么自己家就很穷，别人家就很富有，天天想着要是自己出生在一个富有的家庭多好，要什么有什么，就不用受很多罪。直到某一天，你看到了曾经的一幕幕，你就是因为贫穷而深受伤害，你恨死了贫穷，同时你也清晰地意识到自己生而贫穷是无法改变的事实。接纳了，知道了自己在哪里，你就不需要让自己装得像是个富人家的小孩，不再总抱怨自己投错了胎，你就可以有力气去为自己做点什么了，因为不工作也没人养你啊！所以，所有的无力大致都可以归因为：你觉得自己应该是谁，但是你不是；你觉得你不应该是谁，你偏偏又是。如果你不清楚自己的位置，你就会总指望要变成谁谁谁，但是又总是变不成，力量都耗在七十二变上了，结果哪一个都不是你自己，只会越来越无力。而所有的力量之源，恰恰是因为你知道了自己是谁，所以不会花时间去指望自己应该成为谁，你很清楚自己当前位置该干什么，干这些本该你干的事时你就不会无力了。所以，如果你总是感觉自己没有力量，不要再盲目焦虑或者总给自己打鸡血了，顺着这条线索，花点时间来找找自己是十分必要的。

那些很早就逃离原生家庭的孩子，后来都怎样了？

逃避是每个人面对问题时的本能反应，
而成长却是一种无奈时的选择。

对很多人来说，跟原生家庭的关系都是一言难尽的。这个时常让我们又爱又恨的地方总是会很容易勾起最复杂的情感。若是离它太近会很容易丧失自我；若是离得太远又没了自己的根。于是，有的人疏远，有的人纠缠，有的人不远不近，总是很难找到一个跟原生家庭和谐相处的位置。在人生不同的时间段里，我们常常会不得已地做出一些选择，在不知不觉中调整自己同原生家庭之间的距离，目的是为了自己过上更好的生活。

逃避是因为本能，成长是因为无奈

小华是一位 40 岁的女强人，她说之所以变得强是因为 5 年前婚姻让她失望透顶。如今，她的事业已经非常成功，完全可以让她和女儿一辈子衣食无忧。在旁人看来她过着令人羡慕的生活，然而她却时常想要放弃，总想要把公司卖了，自己一个人上路，到处游走。

有这种要逃的念头，她已经不是第一次了。

14 岁，上初二的她就开始跟同班同学恋爱，那是她第一次逃，她想有个人陪着自己可以少一些时间待在压抑的家里。后来换了几个男朋友，她也厌倦了，于是大学毕业就跟一个认识三个月的男人结了婚，很快就有了孩子。

陪着孩子长大，她也花了很大的精力，直到孩子上了初中，她觉得该是好日子到了，先生却无声无息地出轨了，并且还跟那个女人有了一个 5 岁大的孩子。

　　她对先生的行为厌恶至极，没有任何情绪地离开了。接着，她把所有的精力投入到事业发展，几年的时间已经小有规模，但是她却想要再离开。然而，事业是她亲手打拼起来的，已经有了很多信任的员工，并且给了她和女儿稳定的生活，这一次，她仍然想逃，可是却没有勇气。

　　她说："其实，我的内心里很矛盾。一方面，我佩服自己的勇敢，让自己可以走出一个个的困境，但另一方面，我又觉得自己太懦弱，只能一次次地当逃兵。"

　　我理解她的出逃，不过是想要自己过上更好的生活，只是这似乎又限制了她的生活。

　　每一次的逃避都是不由自主，让她有了很大的力量去过好生活。但是逃到后来，她仍然很失望，还有着强烈的想逃的冲动却终于逃不动了。这恰恰到了一个最重要的位置，她开始想要弄明白自己是怎么回事，决定开始探索自己。于是，成长就真的开始了。所以，本质上，逃避是每个人面对

问题时的本能反应，而成长却是一种无奈时的选择。

一直被满足，自我就很难获得发展

为什么很多人要选择很早逃离原生家庭呢？因为原生家庭给到我们的养育太匮乏了，在内心里有一个巨大的空洞想要被满足。于是，对原生家庭失望的我们开始了向外寻找，希望在这个世界上有一个地方能补足所有的缺失。这可能是爱情，也可能是婚姻，也可能是你的事业发展，你很有可能真的被满足，然而满足之后呢？

你发现自己仍然很缺，仍然觉得不够，而那个空的地方还在那里虎视眈眈地看着你。就像小华所说："我逃离了原生家庭，进入了爱情；我逃离了爱情，走进了婚姻；我逃离了婚姻，走进了事业；我又想逃离我的事业，我像猴子掰玉米一样，不断得到又不断失去，那我究竟要逃到哪里才满意呢？"

　　如她所质疑的一样，其实在这个世界上没有一个人、一个地方能让我们获得完全的满足，逃能帮助我们避免一时的痛苦，但是最后也会无路可逃。直到我们去慢下来探索她逃离的意义，她才感觉到跟自己有了一些连接。她说："从逃离所有，到逃无可逃，我却在这个感觉极其恐怖的地方收获了一个更完整的自己。"所以，那些很早就逃离原生家庭的孩子以及被环境教育得必须逃离才能生存的孩子，直到遭受人生里彻底的失望才会重新开始认真对待自己。

只有逃无可逃时，你才会变得强大而有力

　　逃避和成长，对于我们的人生来说就好比是一对孪生兄妹。

　　如果从小到大，你从没有想过要逃离和背叛，就不可能发展出独立的人格。而如果你很擅长逃离，等逃到一定时刻，你会发现有些东西又注定无法逃脱。所以，这是一个每

个人都可能会经历的过程：无论迟早，你一定会往外逃，最终也一定会逃无可逃。往外逃，是你发展自我的需要；逃无可逃，是你重新跟自己整合的需要。这就是上天安排给我们的完美功课：逃得掉是独立，逃不掉是成长。而逃不掉的时刻，大多会出现在我们人生的中场以后，我们经历了拼命地挣扎和叛逆，这时候是该有一些空间让我们往内去看看自己了。这就是人生的转机所在。

所以，人生无非就是一个这样的过程，我们不断地塑造自己又不断地把自己摔碎重组。这个过程就像升级打怪，每一次的向下和颓废都可能让我们建立起跟自己更多的连接，变得更强大而有力。

我自己曾经也经历过这样的体验，在过去很长的时间里，我一直觉得自己很强大，没有自己搞不定的事情。

直到在我做自己的个人心理咨询体验后，有一段时间退行得很厉害，然后脚又因为跑步受了伤，但是因为我有一个预定的培训又恰好不能躲在家里。那一次，让我感受了各种生活不便，各种蹩脚的行动受限，以及很容易陷入的各种情绪低潮。培训一结束，我就闷在宾馆里跟自己的这些糟糕感受待在一起。

那几天，让我一下子从各种改变和行动的神坛上跌入万丈深渊，然而直到今天我仍然感谢那段经历。那种内外夹击的脆弱让我逃无可逃，我只得束手就擒，非常不情愿地把自己不希望的又无法掩饰的那一面暴露在别人面前。在那个过程当中，我体会了很多人的善意，才真正体会到脆弱其实并不可怕。

我学会了更敞开自己，接受自己不如意的地方，也学会了求助和依赖。那个看起来是万丈深渊的地方，那个我多年一直十分害怕的地方，并没有吞噬我，反而让我变得更结实、更自信了。

通过经历和体验，我终于找回了那一半丢失的自己。

所以，如果你经历了一些艰难的事情并还可以逃跑，那我要祝贺你，你将会变得更独立！如果你正在经历的一些事情让你无处可逃，那我要恭喜你，真正的成长机会已经出现，你可以通过它们变得强大而有力！

当心理创伤已经成为过去,
如何去疗愈它?

否认,是不承认创伤带来的影响;

压抑,是用理智控制不要去想;

隔离,是让自己不再体会到当时受伤的感觉。

在每个人的人生经历中,都会遇上大大小小的心理创伤。有的创伤会自己修复、愈合,也有的创伤在多年之后仍然深深影响着我们。面对创伤,人们往往持有不同的态度:"想起那些事情,我已经没有什么感觉,我还需要去谈吗?过去的事情已经发生,多说也改变不了什么,不是只能接受吗?想起来就很痛苦,我已经不想再提!可以给我催眠吗?或者什么办法能帮我忘掉那些事情?"

　　当一些创伤超过了心理可以承受的程度，我们常做的就是去否认、压抑或者隔离。否认，是不承认创伤带来的影响；压抑，是用理智控制不要去想；隔离，是让自己不再体会到当时受伤的感觉。无论是哪一种防御机制都不会让创伤的影响消失，即便我们已经感觉不到它的存在，它依然在影响着我们的生活。这就是荣格所说：潜意识正在操控你的人生，而你称之为命运。可是，明明我们都知道了创伤所带来的巨大影响，为什么却要绕道而行，不直接去面对它呢？

当一些伤痛太大，我们常常不敢独自体验它

　　为什么经历创伤之后，我们会启用防御机制？因为当时伤痛的程度太大，我们还没有做好准备去接纳它。于是我们会把它搁置一旁，等到我们有力气的时候再回头重新拾起。这是一种自我保护，避免我们在还很脆弱的时候被创伤压垮。可是即便我们启动了防御，那些相关的感受会

因为无法被体验、接纳而跟自己产生距离，而每每再碰到
这些类似的感受，我们就会过度反应，无法消化处理。在
电影《心灵捕手》中，数学天才威尔有着过人的聪明才智，
但是到了关系里，他却一点儿也不自信。他渴望爱情，可
是在跟女生第一次约会之后，他就不再有任何联系了，并
对他的心理咨询师西恩说：他不想破坏女生在他心目中的
完美。同样，在西恩之前，他接连气走了五个心理咨询师。
威尔在关系里的这些反应，都是他过往创伤的表现。他渴
望关系，又害怕关系，所以他尽可能不要跟人建立起关系，
因为他内心无比恐惧，觉得这些人最终都会离他而去。

在体验还原的过程中，重新获得连接感和共通性

美国创伤专家赫尔曼在《创伤与复原》一书中写道：

创伤事件毁坏了个人与群体之间的联系，让创伤
者体会到自我感、价值观和人性，都取决于与他人所

产生的联系感。创伤者只有在与人产生共通性之后，方可休息。

当一个经历创伤的人无法去体验创伤带来的伤痛时，他便跟人群隔绝开来，他既无法明白自己在恐惧什么，也无法让别人来理解自己的恐惧。

他只会拒人于千里之外，用力推开每一个想要走近他的人。这时候，无论如何用理智去解释说服都无法改变这样的行为。只有重新站在感觉里的位置去还原真相，重建自我才会成为可能。

这里的真相，不是客观世界里具体发生了什么，而是我们主观世界里曾经体验到什么。疗愈创伤的过程，就是重新还原我们的主观体验的过程。赫尔曼说：从创伤到复原，追寻的不过就是成为一个"普通人"。

当一个人因为经历巨大的心理创伤将一部分主观体验跟

自己分离，"我"就变成了"非我"存在，将主观体验复活，就是把"非我"重新变回"我"的过程。因为重新回到自己体验里的真实，我们便跟曾经被迫分离的那部分重逢，到这个位置，我们会感觉自己更完整，更有力量，可以重新做出选择。实际上，那些创伤并没有消失，那些感觉也没有消失，我们只是看见了它、接纳了它，允许它成为自己的一部分，重新回到自己的生命里。就像接纳一个曾被抛弃的孩子重新回家一样。这就是深度的疗愈。

是什么阻碍了人们踏上充满希望的旅程？

即便很多人已经知道心理咨询能帮助人们疗愈创伤，即便很多人深受创伤的影响，但真正通过这种方式获得疗愈的人只占少数。那么，是什么阻碍了我们踏上充满希望的旅程呢？

1. 过程中的艰难和曲折

《心灵捕手》里的 8 次咨询已经够曲折了，而在实际的咨询过程中，还要远比电影漫长曲折得多。过程越是艰难和曲折，就越容易让来访者和咨询师都把这一趟深入的旅程简化成短程治疗。经过一段时间，更好了、更糟了，都可能会让一部分人先离开咨询，这可能是来访者的选择，也可能是与咨询师的合谋。然而，这时候，往往才是咨询深入的开始。

在人性本能的选择里，其实我们都怕深入，都怕去往那些最黑暗的地方，但也只有那些地方能让我们收获最丰厚的奖赏。

这就是为什么愿意陪伴来访者获得深度疗愈的咨询师更少，而愿意走完这趟旅程的来访者也很少。因为我们都以为可以很容易获得的东西，如果在现实中变得困难重重，你便可能不再想去得到它。但实际上，如果一开始就意识到这是一个艰难的过程，你就不会被过程里的狂风暴雨吓退，便能坚持去往你想去的地方。

2. 无法表达的自我怀疑

除了艰难和曲折让人后退，还有一种感觉阻碍了疗愈的深入。在《心灵捕手》中，有一个经典的回合。西恩一遍遍对威尔重复着："这不是你的错！"威尔也一遍遍回应："我知道！"西恩再说，威尔却愤怒了："你不要戏弄我。我知道的事，你再次重复，你是想嘲讽我吗？我对这一切无能为力，不愿改变，再也不能变得更好，我早已放弃那一切曾可能的未来，女友也是，看到我有的就是这眼前的一切，我接受了。可我不接受又能怎样？还能怎样？你想提醒我当下的落魄吗？"这一段无比真实。

或许在每一个经历严重创伤的来访者心里，都有威尔这样的自我怀疑。一方面渴望被接纳，另一方面又觉得自己不该被接纳。曾经有来访者告诉我：尽管有时候，明知

道在一件事情里对方要负的责任更大，但如果隐约感觉到自己也有责任，他将无法表达自己的感受和立场。"好像是我的错！我觉得我也有错！"这些自我怀疑会堵住言说。

这些最难以启齿的疑问会一次又一次地在暗地里敲响他们的心门。所以要避开自己的感受，更不敢说担心我自己有错，因为你很怕这是真的，你很怕别人也会这么认为。只有经历创伤的人在感觉里逐渐相信，无论什么都能被咨询师接纳时，才会敢于真实地表达自我怀疑。当这些自我怀疑可以讲出来，被理解和接纳的时候，沉重的内在压力才终于可以被放下了。

对出轨的盲目评价，
是婚姻最致命的伤

当你以为的东西已经发生了变化，
就得重新看见自己在哪里。

如果随便问一个人："如果你的老公／老婆出轨了，你会怎么做？"

很多人会毫不犹豫地告诉你："那肯定离婚啊！"然而，真能那么轻描淡写吗？离婚了，一切就结束了吗？

又或者，当出轨真的发生时，你真的确定自己可以义无反顾地选择离婚吗？

小心那些困住你的双重标准

一位妻子问我："他不就是出个轨吗？这不过是个小问题而已，为什么我就是要这么小题大作，揪住旧账不放呢？"我问她："可是，你真的觉得这是个小问题吗？"她沉默流泪，半晌才说话："别人都说这是小问题，如果能接受就好好地过日子，接受不了就趁早离婚。可是，我既无法接受，又离不了婚，真是太难了！"面对伴侣的出轨，她说出了很多人矛盾的心声。一方面是别人告诉你应该快刀斩乱麻，另一边是内心的剪不断理还乱。

当一个人认为自己应该做出决定却又无法做出决定时，就会被困在原地左右摇摆。

我会觉得，那些告诉她应该怎样的言论其实比出轨本身还伤人。如果出轨是往心头插上一根刺，那么这些言论无疑是让刺插得更深，让她陷入更强烈的自我否定当中。以前听一个朋友讲段子，朋友认识的一个男同事出轨了，在外面当着一桌人的面往自己脸上贴金："这年头出个轨太正常不过了，能出轨说明有能力啊！"然后有人半开玩笑地问他："要是你老婆也出个轨，你怎么想？"

他说："那肯定得离婚啊！"

朋友说："你看，他好像根本不知道自己在做什么，对自己和别人永远是双重标准。"在现实生活中，也有很多人把出轨看得太轻描淡写了，觉得别人不应该为此难过或者纠结，等真的身临其境，才明白根本不是自己想象的样子。

出轨能造成的伤害，永远无法想象

当有人陷入出轨的伤痛时，很多旁人的劝解中心无非就是围绕着是否离婚。然而，出轨真正带来的深远影响却常常被忽略。

1. 对伴侣的影响

每一个伴侣的人格结构都有不同，出轨对伴侣带来的心理冲击也会有很大差异。

人格结构较完整结实的伴侣，不容易被出轨击垮；而人格结构较脆弱的伴侣，容易因为伴侣的出轨而彻底迷失自己。另外，不论怎样的人格结构，在出轨的冲击面前都需要一些时间和空间去哀悼、处理伤痛。

即使选择离婚的人，内心所受的伤害一点儿也不会改变，要疗愈自己也不是一个容易的过程。当婚姻中有一个人选择出轨，伴侣就必须得面对自己对于对方不再如此重要的情况，这种自恋创伤如果没有空间去修复，不论多么努力，都很难有勇气去重新过好生活。

2. 对出轨方自己的影响

因为出轨方常常是既得利益获得方，所以我们会忽略出轨本身对于出轨方自己的影响。实际上，出轨就好比你往自己的房子里放了一把火，哪怕你可能早有准备，或者逃到了其他房子里，但火灾的经历也会一直刻在你的记忆里。从外部的影响来看，出轨更容易带来生活的不确定动荡，包括家庭的重组以及身份的重新定义，很少有人可以坚定地去冒险。

出轨就像一个连环炸弹，更多人在点燃了炸药的引线，引发了第一次爆炸之后才发现自己根本无力承受后果。从内部影响来看，无论别人怎么看你，我们最难的是骗过自己。生活最大的压力其实不是要面对多少现实的问题，而是要日复一日地避开内心深处对自己的不认可。

3. 对孩子的影响

年幼未离家的孩子，最容易被拉扯入婚姻的矛盾当中。

这就好比，当房子起火，孩子身在其中，你无法预料会有多少火苗窜到孩子身上。

很多家庭其实很善于用孩子去做挡箭牌、和事佬，所以你永远难以想象，孩子会在婚姻出轨时被怎样地牵扯其中，又会对他的人生有怎样的影响。即便不把孩子主动拉入其中，你也永远不知道对家庭忠诚的孩子是否会主动跳入其中。出轨会影响孩子对父母的认知和理解，也会影响到孩子的自我评价、价值观、婚恋观的形成。

4. 更多不确定性的风险

正常的婚姻，本身就有无数的不确定性。而出轨对于婚姻里的两个人来说，无论是否离婚，都加大了未来的不确定性。比如很难再信任他人、更容易对婚姻失望，或者是重新确认自我身份的无力。总之，经历过这一波之后，面对正常的生活，你其实需要冒更多未知的风险。

婚姻的出轨，就像一场地震或者台风，一开始每个人都觉得自己会是幸存者，但你永远不知道结局是怎样的满目疮痍。

尽管疗愈伤痛很难，但仍然很值得

如果伤害或者被伤害已经不可避免地发生了，请不要因此黯淡消沉下去，你最应该做的是去直面你的内心。婚姻的出轨，无异于是一次对于人生的重新洗牌。当你以为的东西已经发生了变化，就得重新看见自己在哪里。

通过出轨去更多地看见自己、找寻自己、完整自己，是出轨所留下来的仅剩不多的"遗产"。如果你足够珍惜它，它将有可能重启你的人生；如果你忽视它，你将可能再掉入重复的循环。对于出轨方来说，这样的遗产可能是一个毒瘤，越早去直面自己的真实才能把自己的罪责和对他人的伤害降到最低。而对于被出轨方来说，这样的遗产可能是一

个脓疮，越温柔地去理解和容纳自己，伤口才会越快越好地愈合。

从自我为中心，到兼顾自己和他人；从幻想里的渴望融合，到打碎重组；无论你身处哪一个位置，最重要的不是赶快做决定，更不需要别人来替你做决定。

你最需要的是有一个空间来安放、整理被意外打乱的自己。

不着急，慢慢找回你自己，重新恢复你的生活秩序！

你不会一直拥有满意的关系，
却可以活出更完整的自己

真正让关系走向结束的，其实不是成长不同步，
而是成长不同步带来的自恋损伤和不安全让一个人
失去了去理解另一个人的可能。

在这个世界上，很多人都在渴望并寻找让自己满意的
关系。然而，现实是很多人都对眼前的关系不够满意，并
在内心里设想着一份满意关系的样子。内心里明明渴望着一
种生活，现实里却要过另一种生活。

这种分裂似乎在很多人看来很不应该，看起来最好的
解决方式是：要么放弃渴望，要么放弃眼前。实际上，往往

哪一个都无法放弃，这两种冲突会一起并存着。

　　不出意外的话，我们的关系在很长的时间内都会有两条主线：一条是明线——现实中的关系，总让我们触及那些真实的不满意；另一条是暗线——理想化的关系，总让我们靠近感觉里被压抑的渴望。我们的关系啊，也就在这样的明暗之间，起起伏伏，摆荡前行。

理想化的关系 VS 现实中的关系

　　在日常生活中，我们经常会听到人们对关系的两种抱怨：一种是，一段关系很少满足你现实的需要，但是你却很向往、很渴望；还有一种是，关系明明会让你各种挑剔和不满意，但是现实中你就是离不开。第一种是理想化的关系；第二种是现实中的关系。

　　理想化的关系对应的是理想化的需要，是内在成长的需要，是小我的需要；而现实的关系对应的是现实满足的需要，是社会功能的需要，是大我的需要。

本质上这两种需要很难在一个人身上获得满足，就像一个擅长照顾 10 岁小女孩的男人，不一定擅长照顾一个 30 岁的成年女性。所以，我们选择跟一个人进入关系时，常常不可能什么都满足，而是以一种需要为主的。比如，你过去成长经历有很多压抑的情绪和情感，你有很强烈的成长需要，那么你很有可能会选择一个满足自己理想化需要的人，这能让你的很多不被自己接纳的位置获得空间。如果你过去的位置更容易感到现实匮乏，你的需要就会以现实需要为主，关系看起来就会在现实功能的位置上胜出。

所以，在关系里，你会选择一个在感觉里给你安全的人还是在现实需要上给你满足的人，并非是我们能主动选择的，往往是由自己更匮乏的一种需要决定的。你在自己目前的位置上更缺乏什么，你就会选择什么。

你眼下所能找到的关系，都是最适合自己的关系

照理说，你要什么，就寻找什么，需要被满足了，不就皆大欢喜了吗？实际上，人的欲望是不会被满足的，当你的一个需要被满足之后，另一个需要就会被唤醒。

当你理想化的需要被满足之后，你找到了一个很能接纳你，很温和又不挑剔你的人，然后你慢慢就会埋怨对方的现实功能不够好了。

当你的现实功能被满足之后，你找到了一个既挣钱又顾家的人，你又会埋怨对方不够理解你、在思想上不能同步了。

无论从哪种需要的位置进入关系，只要眼前需要被满足，你便会不再满意。这一种情况在于你很清楚自己的需要，就总能找到当下能满足自己需要的人。

还有很多人其实不够清楚自己的需要，然后就会一直抱怨为什么找不到满意的人。比如，一个很积极上进的人却找了一个安于现状的人；一个渴望安稳的人却找了一个天天逼着你要成长的人。

这在现实层面可能有一万个不愿意，但是这样关系的存在其实满足了我们潜意识的需要：表面想要积极上进，内在却渴望被接纳和放松；表面渴望安稳，内在却渴望成长。

这样看似我们找了一个不满意的关系，其实那又是自己内心渴望去的地方，所以实际上又是满意的。

所以，我们对一段关系的选择其实是很复杂的，你可能过去需要，现在却不再需要；你也可能说起来很不满意，实际上又刚好符合你的潜在需要。于是，无论你以何种直接或潜在的需要进入关系，在一生的大部分时间里，你都可能会对关系感到不满意。

去探索不满意背后的渴望，甚过于改变关系

几乎我们每一个人对于关系都有成长的需要和现实的需要。成长这条暗线常常躲在潜意识里，是曾经被压抑的伤痛；而现实这条明线，是关于那些现实需要不被满足的部分。

一段关系常常会有这样的相互满足存续：比如一对恋人，A的情感包容度更强，B的社会功能更强。

A满足了B的成长需要，B又满足了A的现实需要。然后A因为现实需要被满足，也开始滋生出成长的需要，渴望被B包容和理解；B也因为成长需要的满足，也开始滋生出现实需要，渴望A变得更有社会功能。

这段曾经满意的关系，就开始经受考验，这种考验也是A和B本身要发展自己的需要。

　　如果Ａ和Ｂ都站在理解自己局限的位置去尊重对方的需要，那么就可以支持对方发展出另一个不需要依赖自己的部分。

　　但如果Ａ和Ｂ都站在僵化防御的位置拒绝看见自己的无力，那么他们就可能相互攻击对方的需要，让彼此都无法成长。

　　真正让关系走向结束的，其实不是成长不同步，而是成长不同步带来的自恋损伤和不安全让一个人失去了去理解另一个人的可能。

　　我们可能会很难理解一个人，但是只要有意愿和态度，接纳自己的无助和局限，做不到就不会成为伤害。

　　相反，努力掩盖那些做不到，用不应该去否定对方的需要时，才会更伤人。

比如，就好比我们心理咨询就像一个裁缝店，每一个进来做衣服的人都有不同的尺寸，每一个人的工作都是量身定制，我们不知道对方的尺寸没有关系，我们可以去量一量，就会逐渐清楚的。

当量清楚了，你就有更多的考量。但是连量一量的意愿都没有，那就很难了。

所以，在一段关系里，当你有需要不被满足时，当你无法满足对方的需要时，我们首先需要的不是改变，而是需要去看不满足背后的无助和渴望。

这个了解对方渴望和自己渴望的过程，都是打开自己内在局限的过程。

实际上，你有多了解自己的渴望，就有多么能适应现实；你有多了解对方的渴望，就能多走近对方的心里。

不满意，并不是关系的结束，而是一个可以深入理解对方和让对方理解自己的窗口。愿我们每一个人都可以在关系的不满意中更加理解自己，活出更完整更有活力的自己！

你的得不到，

不是取决于别人对你的认可，

而是取决于你对自己的信任。

4

part

相信：

你只能成为你相信的样子

不爱自己，
真的不是你的错

感情中无法言说的委屈，
都是源于对自己的失望。

　　我经常听很多人说："老师，我很清楚要好好地爱自己，也做了很多努力，不断提醒自己要爱自己，可还是不会爱自己，是不是我哪里没有做好啊？"也有人说："我就觉得爱自己很简单啊，我看看文章看看书就学会了，不明白为什么别人爱自己这么难！"

　　爱自己的确是不需要有任何条件的，却不是想爱就能爱的。有的人轻而易举就可以，也有的人费尽九牛二虎之力依然做不到，这是因为两者之间的巨大差异所致。

会爱自己的人，在感觉里会有被重视的体验，这让她们相信自己对别人是足够重要的，让她们能够信任自己、喜欢自己，觉得自己值得被爱。相反，不会爱自己的人，往往缺乏这样的体验，会让他们感觉到自己是不够好的、没有价值的，觉得自己不值得被喜欢，也就不会好好地善待自己。会不会爱自己，最根本的区别不是因为你好不好，而是因为你有没有好好地被他人重视过。所以，不会爱自己，是一个问题，却不是你的错！

一个人是如何变得不爱自己的？

我的一位来访者小秦是个很有想法的姑娘，她的困扰是每当自己想做一些事情的时候，想象里激动万分，可一落到实处就会相当无力。当谈到自己时，她有很多的不满："我不知道自己为什么就不能多一点儿坚持，为什么就不能

像别人一样有毅力，既想要成就，又不能吃苦，你就活该只能过这样的生活！

"你这样的人生，一无是处，有什么价值呢，没有人会喜欢你的！"

她越说就越愤慨，好像她嘴里说的那个人不是自己，而是跟自己没关系的某某某一样。我问她："有人会用这样的语气跟你说话吗？"她说："我父母就是这么说我的呀，到现在我都三十多岁了，一年难得回次家还会被他们骂得无地自容。"

在小秦的童年里，这样的经历数不胜数，只要因为一些小事让父母不满意了，都会被骂、被侮辱，特别痛苦的时候，她就跑到山坡上发上半天的呆。

在那些时刻，她可以天马行空，可以想总有一天自己会长大，会有一份好的工作，会有一个幸福的家庭，会有理解自己的朋友，会离开这个伤心之地。

她的确一直都很努力，但是她并没有好的工作，也没有幸福的家庭，更没有朋友。她一直给自己打气，告诉自己她很好，她值得被更好地对待，但她的生活并没有因此好起来。她说："我总是看起来很乐观、很坚强、很无所谓，可我实际上很敏感、很自卑、很脆弱，觉得自己什么都不好，什么都不是，什么都不值得。"

像小秦一样，有很多早年被忽视、被打击、被侮辱的人，无论长大后如何给自己做心理暗示，都很难改变内心里觉得自己不够好的感觉。

这并不是因为他们本身真的有多不好，而是因为曾经被养育者不当对待的方式让他们形成了对自己过低的自我评价，于是当他们用这样过低的标准去对应现实的问题时，就会失去信心，觉得自己做不到。而每当遇到这样的挫败之后又会回头来给自己打气，希望自己能做到，而感觉里

仍然还是觉得自己做不到的，以至于很多次做不到之后，自己也就真的觉得自己不够好，然后也开始狠狠地攻击自己。所以，每一个不会爱自己的人，内心里其实都有一个非常无力的自己，他们指望着不依靠别人找回自信，却又总是做不到。

不会爱自己，等于自带不被爱的"基因"

虽然不会爱自己的人会因为自卑而避开很多挑战，却没有人能成为孤岛一般的存在。

不会爱自己的人，不敢把自己看得重要，却一直在内心里渴望着一个能把他看得重要的人出现。这样进入关系之后就会出现一种矛盾：内心里希望自己是重要的，行动上却总是把自己当成不重要的。比如，希望另一半能理解自己，可是在面对对方的误解时，也只能忍气吞声，因为担心对方会觉得自己脾气不好；希望被尊重，可在不被尊重时也会自动忽略，因为怕对方觉得自己很难相处。所以，不会爱自己的人往往把自己放在低自尊的位置，对于他人的忽略和冒犯持不可否置的态度。

他们不确定自己是否真的有道理、有理由去替自己说话，就好像他们需要等待一个许可才敢做点什么一样。而如果当他们想为关系做点实际的事情时，总是对自己的责怪更多，总觉得是自己做得不够好，不会被人喜欢，会把关系搞砸。

一个人在关系里的感受和反应总是跟生命最初的人际关系模板相连。也就是说，我们到了一段关系里，所展现出来的就是自己最真实的样子。而想象中自己应该怎么做的样子其实是空自我，无法落在实际的生活中。当一个人真的不会爱自己时是因为他没有被足够好地对待过，这种内心的感觉是无法立刻改变的。同时当一个人不会爱自己时也很难在关系里获得足够被爱的体验。也就是说，被爱和不被爱的根本区别，在于底层的关系模板。我们很难直接改变关系在现

实中存在的样子，但是我们却可以通过心理疗愈逐渐修正内心里的关系底层模板。

如何改写不被爱的"基因"，走出童年阴影？

每个不会爱自己的人都会感觉到自己背后的关系模板是难以抗衡的，但并非真的不可改变。前文中的小秦，三十多岁谈了很多个对象都没有着落，也不敢去面试更好的工作，总觉得自己太差劲了。

在她来我这里咨询数月后，她愿意尝试跟一个追求者深入地交往，也成功入职到一个薪水是原来两倍的工作。

她开始更少地责怪自己，相反在别人误解自己时也偶尔敢于把自己的想法表达出来。

她说："通过咨询，我对自己的感觉不那么糟了，甚至有点儿喜欢自己了。"在爱自己和不爱自己的背后，其实都有着一个特定的循环。

　　爱自己对应的是正循环：因为被爱、被懂得，所以我愿意爱自己，然后更多的人爱我，我也更爱自己。不爱自己对应的是负循环：因为不被爱、不被懂得，所以我不愿意爱自己，然后更多人觉得我不可理喻，我也更厌恶自己。

　　小秦虽然有着不被善待的经历，但是她没有自暴自弃，哪怕她内心十分害怕，她愿意打开自己，尝试让我去理解她，这是她非常可贵的品质，也让她得以从爱自己的负循环走上正循环。

　　我相信每一个像小秦一样不会爱自己的人虽然经历过创伤，但也都带着自己的珍贵特质，在寻找一条自我突破的路。那么，不会爱自己的人要如何才能改写不被爱的"基因"走出过去的童年阴影呢？

1. 识别并区分问题的来源

当我们知道了一个问题的来源时，问题并不会马上解决掉，但是我们却有了一个方向。这个方向至关重要，实际上有很多在生活中、在关系里一直痛苦的人并不是因为努力不够，而是因为找不到自己的成长方向。当一个问题出现的时候，越能理清问题跟自己的关系越好，这并非是要求我们去自我责怪，也不是要让自己去加倍付出，而是需要我们沉下心来去看见问题背后的脉络是如何被自己影响的，又是如何影响到自己的。这样我们就有了一个切实的希望，这意味着我们可以从自己这里找到出口，而不是只能被动地等待着他人拯救。

2. 通过表达，开始更深地自我探索

当我们识别到自己要走的方向之后就可以进行更多更深地自我探索了，大多数的人都需要靠表达和诉说去完成。

有很多人一开始会觉得没什么好谈的，没什么值得谈，或者不知道该谈什么，这源自于一种担心自己谈不好的恐惧，也惧怕自己所说的别人会不感兴趣。所以，越是不会爱自己越是从小没有被好好对待的人，就越需要足够多的表达和被倾听。

越多越早地进行这个过程，内心的不确定程度就越会降低，自我禁锢和封锁就会越少，你对自己的情绪和想法才能更多敞开和接纳。实际上，那些情绪和想法的部分都是我们成长中无比重要的资源。

自我成长就相当于通过一个安全的氛围让我们通过自由的表达发掘出自己更多的资源，从片面的自己到整合出一个更完整自己的过程，最终改变我们对自己的看法。

3. 借助更多地被理解，达成自我理解

没有一个人可以永远通过自己想事情来获得自我确认

和自我理解。能够确认和理解自己的前提只能是曾经有被很好地确认和理解过。所有自我理解的前提都是需要借助足够多的被理解来形成一种你相信自己值得被理解的感觉。所以，当你没有足够多的经验去形成这样的感觉之前，哪怕你很渴望自己被理解，也不会真的去做那些可能会促成理解的行为，因为内心是虚空的、没有力量的。当你有足够多被理解的经验之后，内在的很多不确定的感觉就被夯实了，你会感觉到很结实，敢于形成自己的判断，敢于在关系里去表达和行动，你便开始在现实中展现出一个值得被爱的自己。这在心理学上被称作矫正性体验，当你产生很多不同于过去的正向体验，不断覆盖与抵消过去的负性体验时，行为就会发生改变。最后，希望每一位不会爱自己的人不再因为不会爱而责怪自己，而是可以因为不会爱去促成更多的自我理解和接纳，重新修通一条自己要走的路！

女性能否主动创造
自己想要的生活

主动创造你想要的生活，
人生会更加自由。

　　一个女性朋友跟我抱怨她老公："你看我现在，文能处理好家庭生活，武能赚到够用的银子，我都不知道我拿老公干什么用？想着自己是个女人，还指望着有人给我遮风挡雨，心里非常委屈！"我说："是啊！你这样文武双全的女人，放在男人堆里都可以秒杀一大片了！"

　　过了几天，她跟我说："我想通了！"我问她："怎么

想通的？"她说："我在群里遇到一个单身姐姐，人家不到40岁，经营着一家不错的公司，靠自己买了十套房，现在还非常努力上进，我一下子就想通了！如果我现在单身一人，对于努力和奋斗只会无怨无悔，可有了老公，要在前面披荆斩棘，没有男人让我坐享其成，就总感觉自己冤得慌。想想看，这是不是特别荒唐啊，本质上有男人和没有男人都应该不影响我去追求我想要的生活啊，为什么有了男人我就总想着靠男人呢？"是啊，如果女人有能力、有梦想、有野心，完全可以靠自己过上更好的生活，为什么我们不可以全力以赴，一定要等着某个推不动、叫不醒的男人呢？女性能否主动创造自己想要的幸福生活呢？乍一听这个问题，肯定可以啊！

当你仔细琢磨琢磨，内心真的可以不 care 那些小女生情结，只管为自己痛痛快快地活一次吗？

或许未必。

你是否也被女性的角色局限了自己？

在生活中，我经常听到很多女性说：如果我什么都可以，那么我还拿老公来干什么？潜在的意思是：如果我什么都自己做了，这段关系于我就没有任何价值，我就会离开这段关系。

如此的前提假设是：我需要你是因为有些事情我自己做不了；如果我都能搞定，就不会再需要你。

这样的关系是建立在补缺的基础上，我们就是因为缺失和匮乏而需要关系。可是即便我们真的很需要帮助，对方无论是出自主观或者客观的任何原因，就是补不上那个缺呢？

在关系里，你没有被好好照顾，很多渴望和需要没有达成，你会如何面对这些不如意的时刻呢？

或许每个人都会情不自禁地埋怨，只是你会一直这样下去让自己陷入无助的困境吗？如果你太期待被照顾，当遇

到自己能解决的问题时，做什么都会觉得特委屈；而遇到不能解决的问题，只会更多埋怨对方而不是去发掘自己的能力。

许多女性的初衷是想要让自己更幸福才把期待都寄托于男人身上，表面上看是在表达我值得更好地对待，实际上不是恰恰局限住了自己吗？如此日积月累，要么抱怨，要么委屈，而能力利用和发挥空间为零，日后如何有信心为自己选择更好的生活呢？传统的观念是，我们选择了一个男人就决定了终身的幸福。现实是，即便有了婚姻，也不能将你和谁绑在一起，你永远都有选择，也应该一直为自己的人生去负责。

限制你的不是性别角色，而是你的自卑

女性的角色相比男人，是有一些福利的，就是无论何时，进可攻、退可守。无论你选择哪一种，现实中都是可以

的。当现实不再逼着你做出任何一个选择时，这时的选择会
更加考验人。

退守和进攻最大的不同在于，"进"一定是为了自己在
进，而"退"在很大程度上是为了别人在退。当你选择让别
人的重要性大过自己时，只有一个原因，是你对自己不够有
信心。

你把大把的时间和自己的未来押在别人身上，是因为
你不敢把未来押在自己身上。然后，随着我们为别人付出得
更多，为自己主动创造和争取的资源却在变少，这意味着我
们正在逐步削弱自己的能力和选择的空间。你会越来越觉得
对方重要，而自己更加显得不够重要，这本质上会把关系拉
向一个不平等的漩涡。直到某一天这种不平等让你受伤了，
你不得不重新回头来寻找自己，发掘自己的能力时，才会发
现自己放弃了太多。

有的女性总是会羡慕那些被照顾得很好的女性，其实

如果一开始就没有人替你遮风挡雨，利用好这个机会，你就可以尽早练就一身过硬的本领，遗憾的是很多人选择了用埋怨代替成长。实际上，如果你真的想要对自己人生有更多的掌控感，无论身处怎样的处境，你都不应该放弃去询问自己：一种怎样的生活对我来说才是有意义、有价值的？我又能为这样的生活做出怎样的努力？不要轻易放弃自己，更不要随波逐流，那些舒适区会带来一时的幸福，却也让你在某一天很真实地失去选择生活的自由。

找个让自己幸福的男人，永远不是爱的终点。能决定我们生活幸福与否的关键，不是你选择了跟谁在一起，而是经过岁月的洗涤，你有没有对自己更有信心。

生活永远充满着波浪，而爱情和婚姻绝不是一条让你永远安稳的小船。只有早一点儿把自己变成老练的水手，学会驾驭风浪，你才能成为自己人生航母的总舵手，在人生的大海上乘风破浪！

主动创造你要的生活，人生会更加自由

在现实生活中，即便是很有能力的女性，都常常不善于展现自己优势的那一面，不愿意去参与竞争和展现自己。好像谦让和被动，很多时候已经成为刻在女性骨子里的"道德标准"。于是，女性们往往觉得最理想的样子是等着别人替自己发声，等着别人给自己支持，等着别人替自己争取以及做出最重要的选择。而常常这个被寄予期望最多的人，就是另一半。

很多时候，女性因为着迷于幻想，极其渴望被照顾，而脱离了考虑现实。

那些小男生们自己都还需要历练，对自己的人生很迷茫，哪有能力来为你做出周全的考虑；而那些事业有成的熟男们，早已经将各种伎俩烂熟于心，看似为你考虑，或许心里早开始为自己盘算。如果你总想着有人为你创造出你想要的一切，最靠谱的这个人莫过于你自己。实际上，如果跳出

小女生思维，除了体力不如男性，在很多事情上，女性就真的需要被特殊照顾吗？真的需要有人来为自己负责，来替自己做决定吗？或许未必。女性天生就可以拥有为自己人生做决定的能力。

当女性跳出角色的僵化认知，就会发现人生中绝大多数的事情都可以自己做决定。

在一个女性还很年轻的时候，与需要的帮助和建议相比，更需要的是历练，需要在不确定里去选择，去确认自己想要什么，以及为自己的选择承担后果。这个过程太重要了！

但是遗憾的是，很多女性都把这样历练的机会拱手让给了男人。

你试过，努力过，即便会选择失误，也会成为你的经验积累。只有经过这些历练，当岁月渐长，你才会更加自信和坚定。所以，不要苦等着别人为你做出满意的决定而让自己一直活在一种不情愿的生活里。你自己就可以做决定！并且你太需要自己做决定！

对自己，可以给予足够温柔的照顾；而对待生活，要穿上盔甲去战斗。

女性的目标，不应该局限于改变眼前的处境，也可以着眼于你想要的生活。当你尽力去解决所遇到的问题，勇敢地去试错、去做决定、去直面生活的困难，你就在为自己积攒更多的勇气，主动创造属于自己的幸福生活！

所有的得不到，
都是因为没有准备好

你的得不到，
不是取决于别人对你的认可，
而是取决于你对自己的信任。

　　我经常听人说：我所走的路，跟我的感觉里是一模一样的。比如，有的人担心孩子长不高，孩子真的就长不高；有的人觉得自己的老公会出轨，就真的会出轨；有的人并不认可自己的工作努力，工作也很难得到发展。从心理发展的位置来看，这些惊人的一致性并不神奇。我们活在这个世界上，每天为工作和生活忙碌着，但在我们的内心里却有着一整套的运作模式在不知不觉中指挥着我们做出一定的反应。

心理学家荣格曾说："你的潜意识正在操控你的人生，而你却称其为命运。"如果我们任由自己被这么操纵，越努力扭转现实就会越跟内心分离，陷入一种分裂的生活，总是无法到达自己想要追求的生活。

感觉没有获得识别和整合，每一天都是天崩地裂

情绪化，是一种最简单最常见的现象，也是很多人最讨厌自己身上具备的一个特点。面对情绪，很多人把它视为洪水猛兽，要关起一个栅栏来隔离，可是它直到最后破栏而出的那一刻，我们最初的假设就再次得到了验证。实际上，情绪并没有那么可怕，那是我们在遇到一些事情或者在一些关系里，由内心所感觉到的一种自然而然的体验。

这些体验，有时候很轻微，有时候很浓烈。如果任由这些感觉牵着自己走，我们就会变成一个情绪人，忽左忽右，摇摆不定，甚至连自己都很难理解自己。时常可能因为

一件小事就跌入情绪的窟窿，每一天都可能面临天崩地裂。

　　这样就会感觉到生活很痛苦，每一天都过得无比艰难。很多人因此就会开始抱怨外界，怎么上天对我这么不公平，怎么这么多不好的事情都会发生在我身上。

　　实际上，我们的内心里都有一弯湖水，这就是我们的情绪，如果我们能够识别自己的情绪，有效地整合自己的情绪，就能在面对外界变化时更加安定。这就是幸福安稳生活的背景底色，是因为我们具备了识别和整合自己情绪能力而获得的。只有当你准备好了，可以借助这些能力去面对生活时，一切才不会那么难，你才会从四分五裂的生活状态进入一种平静安稳的生活状态。

良好的关系体验，需要清晰稳定的自我呈现

如果你想要有一段满意的关系，我们先要问自己的是：你跟自己的关系怎么样？你在跟自己相处时，是否能够安然自在？

任何关系的根基都需要建立在稳固自我的基础上。只有当你能够识别和整合自己的感觉，并且可以把这些部分自然地呈现在关系里时，对方才会看见和尊重你。所以，良好的关系体验，实际上取决于我们自己的准备，取决于我们内在稳定和整合的程度。当你能够独自面对和处理生活中的变化所带来的内心感受，并且有自己的清晰判断的时候，你才会轻松地面对关系的复杂变化。如果你总是在关系里感觉到力不从心，想要扭转关系又无能为力，总是跟自己的期待背道而驰，我们最需要做的不是去改变关系，或者是重新选择，而是要回头来看，是什么样的内在不安全让我们自己无法清晰地出现在关系里。

关系是一段双人舞，当你和一个人相处得越久，就越容易从对方那里看到你自己。你犹豫，对方也会犹豫；你害怕，对方也会害怕；你逃避，对方也会逃避。同样，当你稳定了，对方也会更稳定；当你清晰了，对方也会更清晰了。

在心理咨询领域，有一句话叫作"存在即治疗"。这句话，对于任何关系都很适用。真正最终让一个人改变的，从内心深处影响到一个人的，不是你做了什么，而是你自己在哪里。这就是我们越是期待良好的关系就越需要更多地整合自己的原因。

自我实现的高度，取决于你信任自己的程度

当我们去观察那些可以遵从自己的内心去自我实现的人，就会发现：你的自我实现，不是取决于别人对你的认可，而是取决于你对自己的信任。不是别人觉得你行，你就行，而是你觉得自己能行，你才能行。

这种感觉里发生的东西很奇妙。就好比你明明想要一盆水，可是在你的内心里却只有一个小杯子，那么无论你怎么想要更多，你的愿望就是不能实现。

曾看到某位名人讲到他的创业经历，他说别的老板都是急于去做公司的流程，而他是每天关起门来看书。结果他做公司做得相当成功。

他说：很多老板特别用劲，不过是把员工、客户和合作方的关系都搞得更糟糕。这就是储存力量和消耗力量的区别。习惯了消耗力量的人，会忍受不了储存力量的过程。就像我有的来访者，一来就会讲："我的生活太糟糕了，罗老师你快点告诉我要做什么，我马上去改变！"

实际上，哪有那么容易就改变，任何一个大的改变发生都需要蓄积很久的力量。没有耐心去蓄积力量，就会因为焦虑一直在消耗自己的力量，所以也就不可能发生实质的改变。

　　我曾经听过一个观点讲：如果你要设定目标，当你设定好之后，就可以放下你的目标回到你的生活里来，一步一个脚印地踏踏实实走路，你就会离你的目标越来越近。所以，我们所得到的任何东西，不是因为我们用了多大的劲，耗了多少心力，而是因为在追逐的过程里，更好地整合和成长了自己。当你得到不够多的时候，不需要拼命去追求，也不需要埋怨，而是要退回来看看你的内心有没有做好准备，当你的内在建立起一个宽阔安全的空间时，未来和幸运就会与你不期而遇！

事物的本质，
都是非常简单的

做得多其实很容易，而要做得少，
并坚持这种简单，才是最难的。

　　十多年前，我跟一个台湾的老师学习咨询，当时那个女老师非常吸引我，她的咨询看起来很简单，就是抱持着足够的好奇，就可以帮助来访者不断谱写出自己的新故事。当时的我很年轻，也很不满足，我更希望各种有趣的方式都要体验一下、尝试一下，好像只有各种技艺傍身，看起来才可以足够厉害。直到今天，我才明白：当你能将一件事情足够简单地重复的时候，就是极致。事物的本质，都是非常非常简单的，但越是简单，就越难学。

同时，越简单就越容易让人瞧不上，拼命想要去追求复杂，直到追了一圈再回来，一对比、一体会，你才会发自心底地相信那些最简单的东西。

所以，人啊，终归是需要一些经历，才会知道如何选择，才明白什么是真正重要的东西。这个去其糟粕、领悟精华的过程，每个人都会经历。这就相当于，别人经历了这个过程，才能辨别并理解到这种简单，这相当于是上了道。但这个简单的道，你却是轻而易举学不来的，首先你不会相信，其次你不知道怎么学。你只会一开始先学习别人的术，在这个过程中，逐渐找到自己的那条道。

一旦你找到了道，你就到达了一个宽广的世界，发现用很多灵活的方式都能去往想去的那个地方，你对待别人的方式自然就变通、圆融了许多。所以，很多人在夫妻关系、亲子养育或者自我成长遇到阻碍时，我会推荐大家去做以理解自己为目标的心理咨询，时间最好以年度为单位。当你可以更多了解自己，明白自己的道时，你才会真正给关系带来改变，也会让自我实现走得更远。

特别是想从事心理咨询工作的人，除非你通过心理咨询获得了成长，你才会真正相信咨询会给别人带来改变。这种内隐的态度其实一开始就决定了你能带着来访者走多远。

回顾我自己的经历，我在做个人体验之前和做完200小时的个人咨询之后，对待来访者的方式和态度发生了非常大的转变。

除非亲自体验过，我们才会带领对方到达那里。这样的改变，无论是放在咨询关系，还是夫妻关系或亲子关系里，都同样有效。

我经常说：作为一个人，我们千万不要小看自己的力量，特别是在你理解接纳自己之前。

每个人的内在都可以释放像原子能一样的威力。可以

毫不夸张地说，只要每个人给予自己足够的耐心去理解自己，足以撼动一个家庭的大系统以及影响你之后的几代人。

那么，为什么还有很多人活在痛苦之中，苦苦寻找自己的出口呢？那是因为他们目前还不能相信自己是一切的答案，才会拼命从外界寻找力量，试图去改变、去控制、去对抗。这个过程其实无法阻止，只有当他们自己去尝试了，花很多时间去碰壁了，发现某些方式已经失效时，他们才会回到自己这里，跟真实的自己重新建立连接。

我有很多来访者通过咨询有了成长之后常常会说一句话：要是早一点遇见你就好了！

其实，我并不这么认为，每个人都有自己的成长节奏，你会遇见谁，会经历怎样的痛苦，会通过何种方式蜕变，常常也是你内心的一种映射。

当你准备好了，你自然就知道该去哪里，该给予自己怎样的帮助。在此之前，哪怕机会无数次摆在面前，你也会假装看不见！

有时候，我们要绕很多圈子才会绕到那个最应该去的地方，这也很正常。人生就是这样的一个过程，我们会跟别人绕弯子，也可能会跟自己绕弯子，直到我们不得不去看见自己。

所以，我们其实不需要早一点儿靠近本质，不需要一定要让自己变得简单，也不需要早一点儿让迷茫变得更清楚，只要踏踏实实地走自己的路，哪怕是弯路，只要保持跟自己的连接，最终你也会走到自己的道上！

越是经历更多，见得更多，就越发现简单的可贵性。之所以简单，是经过了岁月精挑细选的结果。比如，从养育孩子来说吧，那些努力在各方面做好的家长未必就是很好的家长，也可能只是把自己的养育焦虑付诸了行动。

　　而那些能够几年如一日坚持让孩子养成某一个习惯的家长，看起来做得很少却可能真正帮助孩子养成某一项重要的能力和品格。又比如，很多在婚姻里的人告诉我，跟自己的伴侣好话说尽，道理讲个遍，对方就是没有丝毫改变。而等自己有一些成长之后，一句简单的理解却可以让对方真正开始改变。再比如，我的很多来访者，只需要足够多去理解对方，给予他们足够的空间去探索自己，他们自然就开始自我整合，走上他们想走的路。所以，做得多其实很容易，而要做得少并坚持这种简单，才是最难的。

　　这必须建立在你有过这样的经验并足够相信这就是事物的本质。这意味着你至少要在一件事情上经历过那种从复杂到简单的过程，于是你看待很多事情的眼光也就变得不同，一个全新的世界就在你的眼前展开了！

最好的改变，
是润物细无声

真正能改变一个人的，是因为你所在的位置影响到了对方，
而不是你讲了什么道理说服了对方。

最近，我在训练我们家的小金毛，丢东西出去让它叼回来，然后给它奖励。有一次，我把平时的奖励零食从牛肉粒换成了火腿肠，它特别爱吃。因为太想吃了，吃完后就坐在那里可怜巴巴地望着我，我丢东西也不去捡了。然后，它折腾了好一会儿，跟我摇头晃脑摆尾巴，发现还是不行，才乖乖去把东西叼回来。因为美味的火腿肠勾起了它强烈的欲念，结果连它以前是怎么吃到美味的受益模式都忘了。当只

盯着我手里的火腿肠时，它就得不到火腿肠。而要真正得到想要的东西，就得先忍住欲望去做应该做的事情。这其实跟我们达成目标的过程是一样的。

临渊羡鱼，不如退而结网

经常有人问我在亲密关系和亲子关系中要怎么办，要如何才能改变对方。他们已经尝试了很多方法，讲了很多道理，苦口婆心，殚精竭虑，然而对方还是在自己的位置上岿然不动。

他们已经相当无力，在这个无力的位置上再怎么努力，实际上都拉不动对方。

这就好比"临渊羡鱼"，因为看到鱼就在眼前，多么想立刻就得到和改变，然而我们越是被自己欲念所迫，离我们真正的目标达成就越遥远。

　　这就是很多在关系困境里的人所处的位置，看起来像是很着急地在努力，实际上并没有耐心去理解关系，看看怎样才可以真正捕到鱼。所以，真正的改变不是时刻把改变挂在嘴边，而是当我们心里知道了自己要到哪里去，就该先放下欲念，好好地身在其中，去完成这个过程。

唯有躬身入局，才能变局

　　过去有一个典故讲，一个人挑着很重的担子，对面另一个人扛着很重的东西，他们在一个很窄的田坎上相遇了，两个人都不愿意退回去，旁边又是水田，根本无法避让。如果你是这个劝解他们的人，会怎么做呢？

　　或许，无论你劝哪一个人后退都很艰难。这时候，来了一个很有学问的人。

　　他先站在水田里，接过了一个人身上的担子，这个人

也跟他一起站到水田里，让另一个人可以先过去。这个故事叫"躬身入局"，意思是，如果你真的想帮助一个人，你必须先把自己放置其中。

有一部电影叫《我妻子的一切》，讲了一对夫妻结婚七年，这个妻子很唠叨，丈夫很受不了便想办法让妻子主动离婚。于是，丈夫找来了一个花花公子，签订了协议，让花花公子去勾引他的老婆。结果，这个花花公子认真地了解了他妻子的喜好，用心地营造每一个气氛，跟她在一起的每个时间里都积极关注着她，并且对她的生活、工作都及时地表示出肯定和认可。

出乎意料的是，因为这个花花公子的出现，妻子发生了巨大的改变，并且还摇身一变成了一个当红电台 DJ，前途一片光明。这时候，轮到丈夫手足无措了，他变得跟曾经的妻子一样无助和暴躁。

电影中的丈夫，当把自己置身事外的时候，很嫌弃妻子。而恰是因为他在关系里的不作为才让妻子变成了那个糟糕的样子。

关系永远是一对合拍，如果不曾躬身入局就指望对方改变是不可能的，因为对方所在的位置也是受到了你所在的位置影响的。

很多关系的卡点就在于，我们拼命地希望对方改变，觉得自己遇上对方很无辜，然而我们只是在不断要求，却不曾真正为对方的改变提供任何支持和理解。所以，真正能改变一个人的是因为你所在的位置影响到了对方，而不是你讲了什么道理说服了对方。

凡是用力，皆为扭曲

对于我的咨询工作，我总是有满腔的热情，很想帮到别人，然而这在一开始却给我带来了巨大的无力感。我试图

让别人理解应该怎么样，总是给出自己的建议，然后迫切希望他们改变，却不得不接受我做了很多无用功。

我就像前面例子里站在田坎上指挥着哪一个人应该后退的人，自己并没有躬身入局，也不曾真的帮到别人。我开始回过头来检视自己，当我努力去改变来访者的时候，我的来访者也在关系里努力去改变他们身边的人。

那么，我对他们所做的不就是他们自己所做的吗？

然后，我突然明白了，我想帮我的来访者到什么位置，那么我必须自己要能够到那个位置。比如，我希望一个人在关系里更有耐心，那么我对待他就更需要足够的耐心。这时候，变化就真的发生了。当我耐心地去理解和接纳他们的感受，他们在关系里就变得更能理解和接纳别人。我曾经有一位男性来访者，总是想让我帮助他说服他的妻子做心理咨询。然而，他每次都不成功，这样的较劲和争执持续了很久，令他的妻子非常的反感和厌烦。

一开始，其实我也很反感，我非常希望他可以担负起自己的责任，然后我越是这样，他就越执意要让妻子去咨询。后来，我提议说："既然你花了那么大的力气也拗不过来，那我们能不能来好好谈谈关系，看看你在关系里有什么样的艰难，以及怎样可以让你舒服一点儿。"他同意了我的提议。

我耐心地去听他讲自己的感受，讲在关系里的无奈和委屈。几次咨询之后，他的情绪已经没有以前一样激烈了，与此同时，他的觉察和理解能力恢复了。

这时候，我才发现，其实他是一个非常细心的男人，并且有着很强的共情能力。当他可以站在这些理解的位置再去面对关系的时候，他变得更从容了。紧接着，他的妻子也变了，不再像以前一样暴躁了。即便他的妻子不做咨询，他们的关系也可以获得改善。

这就是躬身入局的力量。当我可以放下自己的执念去

接纳他在关系里的感受时，他也就可以放下自己的执念去接纳他的妻子。而这样的影响还远没有结束，当他的妻子被他接纳时，她又会反过来接纳他和孩子。所以，当我们做一件需要非常用力的事情的时候，常常说明我们并没有躬身入局。

凡是用力，皆为扭曲。最简单的改变他人，就是我们愿意把自己放置到关系当中，以润物细无声的方式去陪伴对方，就会发生真正的改变。

心理学，
本质上是一种中庸之道

本质上，心理学是一种中庸之道，
它让我们可以在一个广袤的中间区域，
去无限探索自己身上的各种可能性，
让自己可以生活得更安稳更幸福！

众所周知，目前社会大众对心理学的接受程度变得更高了。但是，仍然还是有很大的误解，比如我听到的最厉害的误解就是，学心理学会让一个人走火入魔，进入死胡同。

虽然听起来很离谱，但可以想象这样的担心并非空穴

来风。在我过去的咨询经历中，我接触过各种对心理学的理解存在很大偏差的状况：比如，有的人每天阅读很多的心理学文章，不断找自己身上的问题，并带着严重的自我攻击倾向，然后说很理解自己，很清楚自己的问题在哪里，为什么没有成长；也有的人，对自己有很多的自我怀疑，于是开始学习心理学，不断寻找正确的标准，努力要求自己做到，却因为做不到而变得更加怀疑自己；还有的人，因为学习了一些心理学知识，开始用这些知识去分析自己周围的人，试图让别人改变成自己觉得对的样子，结果处处碰壁。

所以，每个人学习心理学的初衷看起来都是好的，但如何使用可能造成的结果却千差万别。这可能是真的在帮助自己，也可能是在借助学习来防御自己不想看见的部分，还可能是在用心理学这把利器伤害自己。

心理学是一门专业知识，真正决定如何用这些知识的人是你自己

心理学是一门很宽泛的学问，包括专业基础知识，如基础心理学、社会心理学和发展心理学等和相应的应用知识，各种心理治疗学派也有上百种，每一流派的功课都博大精深。

心理学就像是一把刀，刀的种类有很多，用处也有很多，你可以用来切菜、砍柴，还可以用来雕刻、美工，也可以用来收藏和欣赏，还可以用来伤害别人或自己。所以，好的专业的东西，有可能对一个人有帮助，也有可能没有帮助，最重要的是要看如何使用它。

如果是通过学习心理学来自助，我建议大家要时常保持审慎的态度，可以常常看看自己的感受以及在生活中、在关系里的感受怎么样，如果对自己的接纳程度更高了，这是好的现象。如果越学反而对自己的批判和责备更多了，对自

己的感觉更加糟糕了，甚至变得更加焦虑了，可能就需要回过头来看看，自己是如何运用这些知识的以及在这个过程中发生了什么。总的来说，如果你可以更灵活地学习心理学，可以对自己有更多的理解，这些理解可能是慢慢变化的，借由这些理解把自己从许多高标准上解放下来到达你可以接纳的普通人位置。当然，理解的结果就是与自己更好地相处以及带给你生活中更多的选择。

让知识为人服务，而不是限制人的灵活性和能动性

我一直常说，知识是死的，人是活的。我们想要知识对自己有用，那必须把知识放在为自己服务的基础上，而不是用知识来限制作为人的灵活性。每个人与他人都有很大的个体差异，有的方法对一些人有用，而对另一些人也可能完全没用，这都是可能的。所以，学习有时候要抱着找鞋子穿的态度，要寻找适合你的鞋子，而不是努力去适应不合脚的鞋子。

但是，难就难在，没有一门学问本身可以解决一个人所有的问题，也就是说没有一双不需要磨合的鞋子。而如果对自己不够了解，也对心理学不了解，就很难辨别是鞋子不合脚，还是需要更多磨合。把死的知识用活，这就需要我们足够灵活到去辨别哪些不适合自己，这要求我们本身具备一定的灵活性。

所以，自助的条件是建立在对自己有一定理解的基础上，否则学习越多越容易感觉到混乱和焦虑。如果对自己有很多的不理解，或许最重要的不是学习，更不是通过心理学找到某种正确的标准，而是先通过专业的心理咨询师更细致地来理解自己。在和咨询师互动的过程中，可以帮助我们建立起一种用活的方式来理解心理学的初始感觉。对于心理学知识非常普及的今天，人人都可以拿起心理学这把刀，但是真正考验人的是如何灵活地用好它。

心理学的最大功能，是帮助一个人理解和看见自己

有不少人都曾抱有这样的期待，就是希望通过学习心理学去改变自己，却很难如愿。实际上，若一开始就冲着改变，却很难真正改变；若是冲着理解和看见，却可以意外地改变。这就好比，一个人出现了身体活动不便问题可能是某条腿瘸了，暴力改变的行为就是直接砍掉这条腿，你压根就不该有这条腿。这是极其难做到的，也是很多人学习心理学，拼命想改变自己却改变不了的原因。

一个人不是知道了怎样做是好的就可以做到的。他还需要一个过程，足够清楚自己为什么那么想去却又去不了，要去好奇自己真正的无力和卡点在哪里。这不一定是自己的错或者该承担的责任，但是真的看见了、理解了，就意味着我们自由了，我们是选择穿越障碍，还是绕过障碍，抑或是换条路走，就可以有更多的选择。所以，对自我成长有帮助的运用心理学，不是讲对错，不是从自己的这个极端走向另外一个极端，也不是用自己的左腿干掉不想看见的右腿，而是我们可以看见和接纳自己所有的腿，完成对自己各个部分的理解和整合，达到兼容并蓄。本质上，心理学是一种中庸之道，它让我们可以在一个广袤的中间区域去无限探索自己身上的各种可能性，让自己可以生活得更安稳，更幸福！

能给出成人之爱的人，

更多是靠一种内在的整合获得安全，

而不是指望对方在关系里的行为让自己感觉安全。

5
part

关系：

在关系里活出真实的自己

成人之爱，
到底有多高级？

孩子之爱的特征：当你满足我，我才会爱你
成人之爱的特征：我对你的爱不会因你而改变

　　在亲密关系里，我经常听到很多人抱怨伴侣："他就像个孩子一样，一点也不成熟，让我想爱也爱不起来啊！"的确，在亲密关系里，我们很难容忍像孩子一样的爱人。因为孩子对爱的需要是索取，很少有能力主动去爱人。

　　那么，为什么我们都渴望成人之爱，成人之爱到底有多高级呢？

孩子之爱与成人之爱

我们先想象一个场景：在亲密关系里，如果有一个期待没有被满足，你会怎么表达失望呢？

有的人会说："虽然我有些失望，但或许你也有你的理由，我也需要你更多照顾自己的感受，而不是为我而压抑自己。"

也有的人会说："这么简单的要求你都做不到，我就知道你不爱我，你太自私了，为什么你的眼里只有你自己。"

这两个回答，可以从形式上简单粗暴地区分为成人之爱和孩子之爱。

A. 孩子之爱的特征：当你满足我，我才会爱你

在爱的世界里，没有一个孩子不忠诚。孩子之爱，是

更纯粹理想的交换：如果我爱你，我就会给你所有的一切，也要你满足我所有的需要。

但这样的爱，因为不具备自我负责的功能显得十分脆弱和飘摇。爱到最后，会变成因为被满足而存续；不被满足时，爱就会变得充满抱怨、指责和肆无忌惮地伤害。用孩子之爱去爱人，很容易感到委屈和受伤，总会觉得："既然我那么爱你，为你做了那么多，为什么你不可以……"

看似这样的爱奋不顾身，实际却是一种借爱之名的索取和情感绑架。但从爱的体验来看，却总感觉是对方辜负了自己。

B. 成人之爱的特征：我对你的爱不会因你而改变

相比孩子之爱，成人之爱的高级在于可以自我负责。成人之爱会更少压抑，每一个选择都是经由自己的充分考虑，哪怕选择不如意，也可以做到稳定地支持自己，不会把责任全部推给对方。

因为每一个选择都经由自己决定，就意味着成人之爱有承受失望的能力，可以更得体地容纳关系里的不满意发生。所以，成人之爱虽不像孩子之爱一样轰轰烈烈，却可以更持久、更稳定。

活在成人之爱里会感觉很自由，会有充分的空间去容纳自己的缺失以及对方的缺失。

渴望成人之爱，就是渴望无条件地被爱

许多人，终其一生都在渴望被好好爱一次。这种对爱的渴望就是无条件地被爱，也就是成人之爱。

之所以渴望，是因为经历这样的爱之后，我们就可以借由无条件的爱通往自我接纳和自我信任。

这样的爱，很多人都缺失，却又太难得了。

本来，这样的无条件之爱，该在生命的早年被我们的父母传承给自己。可是，许多人接受的却是父母的"孩子之爱"，父母对孩子的爱，带着太多满足自己需要的渴望、要求和控制，如果父母的需要没有经由你的努力去满足，那么连爱本身也会面临失去的风险。

很多孩子在理智上感觉父母很爱自己，在感觉里却又极其痛苦。这就是因为父母看起来已经是成人，但是他们所给予你的很有可能是"孩子之爱"。比如，他们会一直委屈自己为你付出，同时又在你没有满足他们期待时在言语和行为上有很多侮辱和攻击，甚至撤回了以前对你的爱和关注。这样的爱就是有条件的"孩子之爱"，在期望不被满足的时候，爱就被冻结了。

会让我们感觉，只有满足别人的期待，我才是有价值的，才是值得被爱的。

相反，成人之爱，更多是无条件的。

只要我爱你，即便你犯了一些错误，做出一些让我感觉难受的行为，可能会让我生气或者愤怒，但我对你的爱仍然不会改变。

亲密关系里的爱，本质上是一场冒险，为什么一个人敢于去爱，敢于把爱投注在一个无法提前获得确定结果的人身上？

这是因为，他首先经历过无条件的被爱，当他被爱过、被给予过、被接纳过，体会过过程里的美好和温暖，便不再觉得爱的结果最重要。

就像自己曾经被这样的爱容纳的体验一样，你会相信，只要你发自内心地去爱过一个人，这样的爱足以影响另一个人的生命。当你知道爱可以如此重要，可以进入一个人心里最深的位置，你又怎么会惧怕失去和不被爱呢？

成人之爱的基础，是自我接纳和自我信任

有一首歌里唱道："我愿意为你，我愿意为你，我愿意为你……"唱得令人心动不已。成人之爱，所表达的也就是一种可以自我负责的我愿意。我愿意的前提是一种经历内心确认的自我接纳和自我信任。

也就是说，当我选择爱你时，不是因为你给我一种不变的承诺，而是我信任自己所做出的选择并接纳选择可能带来的任何后果。

能给出成人之爱的人更多是靠一种内在的整合获得安全，而不是指望对方在关系里的行为让自己感觉安全。

懂得成人之爱的人并不在意对方会用哪种方式来爱自己，他们可能会花多一些时间跟自己确认，不会冒险前进，但是如果选择就会很坚定。

　　本质上，我们每个人都渴望获得成人之爱，但最终如果想要获得真正的安全关系，就需要能够通过自我接纳和自我信任到达可以给予别人成人之爱的位置。

　　只有在这个位置，才会体会到："我爱你，不是一种对你的要求，而是一场我要完成的自我修行。"

为什么爱情总让人痛苦？

成长的阶梯：
在感觉里翻腾，在现实中受挫。

在现实的婚恋问题中，我们经常会看到这样的例子：A女士，有一个安全又稳定的婚姻和家庭，却陷入了让人感觉危险又兴奋的婚外情；B女士，一直处于痛苦又不确定的恋爱关系当中，极其渴望安全而稳定的情感。

无论男人还是女人，面对情感，许多人都有一种难以言说的本能冲突：得到的，永远不够好；得不到的，却成了内心放不下的渴望。恰恰如此，滋生出了太多的情感问题。

安全与冒险，稳定与刺激，一边是停不下的贪心和追逐，另一边是逃不掉的痛苦和折磨，为什么不能选择一段安全不受伤的关系？为什么我们总是很容易让自己置于危险的火坑当中？

对于情感，为什么我们总是那么贪心？

很多来访者因为情感问题找到我时，在感觉里都非常郁闷。比如，在理智上他们非常清楚不该涉入一段不安全的情感，但是实际上却无法控制自己。

在理智上觉得应该尽早结束一段没有未来的感情，却一直藕断丝连。

明明自己不想要这么做，却又一直与自己的意愿背道而驰，然后一次次受伤，一次次自我谴责和攻击。

　　对于情感，为什么我们总是那么贪心呢？其实，想想我们长大的过程，想想那个走向游乐场的孩子，就不足为奇了。

　　在游乐场玩耍的孩子，当他确认母亲在那里不会走开时，他就有了去探索新鲜玩意儿的渴望。而当他发现母亲会离开时，他就会退回到母亲身边，先确保自己的安全。在这样的冲突当中，安全和冒险，总是交替出现，相互影响，缺一不可。

　　长大之后，我们已经不再是那个游乐场里的孩子，妈妈也不再是那个现实世界的妈妈，但在内心里，安全与冒险的游戏其实从未停止。当你在大风浪之中渴望安全的时候，你可能会觉得只要安全了，就会永远留在这个安全港湾，可你总会在安全之后，再次出发去冒险；当你厌倦了一直留在风平浪静的安全里，会多么渴望可以去驾驭惊涛骇浪，会觉得永远不要回来该多好，然而你又会在危险中再次渴望安全。所以，在情感的世界里，很多时候，我们都以为自己只要怎样，那就是最美好的一辈子。而实际上，对安全和冒险的需要总是交替出现，想法也总会在变。

从没有一个位置能让人完全满足。如果你眼下觉得哪一个最好，只因为那是你此刻想要被满足的一种渴望，等到满足之后，又可能是另一回事了。当然真的如此去行动，就会破坏现实世界的规则，会让关系变得极其不稳定，但拼命责备自己也是没用的，努力用理智去控制情感也无济于事。而实际上，我们不需要去责备或者强行抑制本能的冲动，而是要去认识它、了解它，才能让这些内在的本能需要更好地为自己所用，而不是任由它牵引着去破坏自己的生活。

成长的阶梯：在感觉里翻腾，在现实中受挫

很多人都有过这样的体验：当眼前有着一些目标等着要去实现时，会感觉到精力充沛；而当在实现的过程中遇到挫败又或者真的实现了目标时，又会陷入疲惫无力的状态。

真正有力的位置，其实是在感觉里体验到的。而在实际的位置，随着现实检验的发生，我们的感觉其实并非会那

么好。然而，任何一个人都不可能永远只待在感觉里，又或者完全待在现实里。

感觉里的希望和现实中的失望，就像是一对孪生姐妹，如影随形。

到了亲密关系里，或者在自我实现的过程中，这种想象感和现实感也总是交替出现。

我们会先有一些想法或者期待，然后希望获得满足，这时候感觉里会变得很浓烈，然后现实会给我们一个确认，满足了或者没有被满足，我们就被现实铆定了一点点。在感觉里翻腾，在现实中满足或者受挫，这就是最基本的成长基调。这就好比我们要修建一个稳固的建筑物的地基，就需要先堆一些土，紧接着要把这些蓬松的土填实。

成长的过程就是这样，我们有很多原发的渴望，但是无论这些渴望是被粉碎还是满足，都会经历受挫的体验。

所以，从本质上来说，人生的过程就是不断受挫的过程，在感觉里总是想要被足够的满足，但是这种满足却一直无法实现，哪怕暂时实现了也不会满足。总之，这种满足永远都跟不上我们感觉里的需要。我们自然就会时常体验到感觉和现实的差距，这种不被满足的痛苦就是成长的代价。

那些深深迷恋的安全与自由，你找到了吗？

也就是说，正是因为从本能的位置，你会一直着迷于安全和冒险的游戏，所以无论是情感还是自我实现，只要你存在于这个世界上，就永远都不会有真正被满足的一天。

那么，既然如此，我们是否就只能顺应本能的需要，像猴子掰玉米一样抓一个丢一个呢？如果你真的这么任性而为也没有什么问题。只是，从人作为高级物种的位置来看，我们是可以活出人生意义的，我们可以超越动物性的局限，用自己的方式把这个游戏玩得更高级。

比如，在一段安全的婚姻关系里，是否可以在一本正经的格式化相处之外有照顾彼此的趣味冒险部分呢？又比如，如果一份工作和事业让你感觉非常安全但是又缺乏激情，能否在工作之外给自己一些冒险和充满创造性的空间呢？再比如，如果一份关系本身就充满许多不安全和不稳定的因素，那么在此之外，是否也可以创造一些确定的约定呢？

到目前为止，这个社会本身虽然存在着很多偏见，但也可以容纳多元选择，每个人都可以以自己的方式去选择和过好自己的人生。虽然，成长的需要本身就是一种痛苦和挫败的体验，但是如果多一些意识和觉察，我们其实是可以更安全地去体验现实的冲击，而不是直接把自己丢入无限的危险当中。所以，对于每一个在现实中痛苦的人来说，与其彻底改变关系或者事物的本质，不如先学习去平衡。

唯有把这些本能里的需要转化或者升华为一些不对生活造成破坏的部分，我们才能既拥有内心世界的广阔空间，又能在现实生活中活出自己的样子！

同样是结婚，为什么有人变好，有人更糟？

当你认为婚姻应该怎样，
婚姻就一定会让你失望。

有人说，99%的婚姻不幸，都是婚前一个样，婚后一个样。结婚，会让人发生意想不到的改变，我曾在公众号发起了"结婚前后，你发生了什么变化"话题征集，以下是读者的留言，结婚了，他们变成这样：

@×× 闲草

婚前：好多事情不会处理也不知道该怎么处理（小女人）。婚后：无所不能，什么事都难不倒我，什么难题扔给我都能搞定（强悍的女人）。

@× 冬

结婚前什么都依你，跟暖男一样。结婚后什么都不依你，动不动大声吼你。

@×× 的雨

结婚前自己赚的钱够花，结婚后赚的钱不够花，还房贷，剩的钱还得多个人花……

@×× 平生

结婚前很不自信，明明是少女却把自己活成了妇女，有什么话也放在心里自己消化，把自己看得很低微。结婚

后因为老公的爱和开导反而活成了少女。好的婚姻能滋润
心灵。

@××××

结婚前是男朋友的女儿，结婚后是老公的老妈子。

@× 幺

说到结婚，以前觉得和谁结婚都一个样。现在觉得这
个人太重要了，他会无时无刻地影响着自己，所以一定要和
自己步子一致的人结婚。不然后悔一辈子。

实际上，变化并非是不幸，几乎所有的婚姻都会经历
婚前婚后的巨变，不同的是，面临变化，有人变得更好了，
有人变得更糟了。那么，什么样的婚姻会让人变得更好？什
么样的婚姻又让人变得更糟呢？

当你觉得婚姻应该怎样，婚姻就一定会让你失望

经常听人谈起婚姻的变化：

"我当初选择他结婚，就是因为他对我好，除了这一点儿，我什么都看不上。现在倒好，连这一点儿都做不到，你说还有意思吗？""我当时并不喜欢他，只是觉得他老实稳重，不会做出伤害我的事情，没想到他居然敢出轨，真是太令我失望了……"稳重、负责任、性格好，这些都是经常被提及的好伴侣标准，然而当你真的找到一个符合标准的人，觉得获得了足够的安全感时，却是噩梦的开始。

小婷的丈夫在大家看来是公认的好脾气，从恋爱开始就任小婷打不还手、骂不还口。虽然对方家庭条件不太好，工作也不稳定，但小婷觉得能遇到如此包容她的男人已十分幸运，于是很快就结婚了。婚后，两人偶尔发生争执，丈夫都会忍让她。直到有一次，丈夫辞掉了刚上班不到一个月的工作，小婷一直不看好丈夫的能力，知道丈夫又辞职了，随口就说："你做什么能行啊，你们家人都这么没出息。"丈夫无比愤怒，小婷反问道："难道我说错了吗，连工作都找不到，不是没出息是什么！"

一直温和的丈夫暴跳如雷，这次动了手。小婷非常惊讶，她没想到丈夫会这么对她。之后，她提出离婚，丈夫想也没想就同意了，还说："这几年，早就受够你了！"想到真离婚的话，小婷并没有勇气，因为她感觉不会有人能像丈夫一样忍受自己的坏脾气，尽管她慢慢开始克制自己，丈夫却再也不像以前一样包容她。她的状态变得越来越糟。

我在一次婚姻课时问过大家一个问题："你一直想要寻找的东西在婚姻里找到了吗？"许多人表示没有找到。

或许不是因为这些要求不合理，而是当把某些特殊的需要作为评估婚姻的标准时，你就会期待对方在婚姻中保持不变，并且觉得对方怎么做都是理所当然。如果得到了，其

实你不会有太多开心；如果得不到，你就会变成怨妇一般整日追着对方索要满足。当关系已经变得怨声连连，又有谁愿意日复一日地无条件付出。所以，婚姻中的某些独特需求，看起来很简单，很容易被满足，实际上却是最难被满足的需求。当你觉得婚姻本应该怎样时，婚姻常常就会让你失望。

对婚姻不抱太多期望的人，反而更容易幸福

好的婚姻，能让人产生脱胎换骨的变化。我的一个咨询师朋友就经历了这样的变化。她父亲早逝，和妈妈相依为命长大，非常缺安全感。大学刚毕业，就嫁给了一个比她大 12 岁的男人，如今结婚近十年，说起婚姻也是满脸甜蜜。问及当初为何选择她的先生，她说："其实我并没有多少期待，我知道自己有恋父情结，所以跟他在一起很安全，就这么简单。"婚后，虽然先生非常爱她，但她也深知自己有没有被修通的部分，她并没有停止自己成长的脚步，更没有在婚姻里任性折腾。

她并不会觉得自己存在创伤就该对丈夫有苛刻的要求，当丈夫对她很好时，她感到温暖，也十分感激；当丈夫忙得没时间照顾她时，她也接纳了许多现实的局限，学习照顾自己。

多年过去了，在和先生的关系里，她依然觉得自己是一个被宠爱的小女孩，而实际上无论是工作还是生活，她都具备了独当一面的能力。她对婚姻的低欲求，不仅让她拥有了一种在内心里永远不会失去的父爱感觉，也让她感受到了关系里更多的温暖，同时也生长出了更多关爱自己的能力。

对于大多数的婚姻来说，实际上最初在一起感觉就非常美好了，却由于想追求一种不变的美好，最后不仅无暇感受美好，连本已存在的美好也一同失去了。实际上，婚姻一定能给到你很多满足，这些部分可能是你意料之外的，而不是你一直索要的。在婚姻里越简单、越少必须，就可能越自由，得到的就越多，相反，如果你越希望婚姻能拯救你，它就越可能成为束缚自己的牢笼。

让人改变的不是婚姻本身，是我们对婚姻的态度

有一位读者留言对我说，婚后持续之前的模式，把两个人都逼到了离婚的边缘。她并没有任由自己继续折腾，而是放开了对以前执着的束缚，她的丈夫开始给予她积极的回应。通过两个人的互动，她终于意识到丈夫不是她的拯救者，他们是两个平等的人，婚姻开始逆转，她在婚姻里的感受也发生了很大变化。

作家十二曾说："婚姻是如何变成围墙的呢？不是因为当年不够爱，不是因为婚姻天生就是爱情的坟墓，而是婚姻中的某一方本就想以婚姻圈住某一个人，而另一个人也误以为这就是爱。"

这种圈住，就是当我以为你应该怎样对我时就固执一定要对方改变，婚姻就在相互争斗中变得更糟，只要开始接受无法改变对方的事实，改变自己对待婚姻的态度，婚姻就可能从糟糕中变好。实际上，每一段婚姻都可以让人变得更好。当你能在婚姻里保持觉知，不把自己的要求强加给对方，发展出足够独立的心理空间去面对生活时，婚姻比我们想象中更能够给到你稳固地支撑。好的婚姻，的确能让人脱胎换骨，但决定婚姻能否成为好婚姻的人，其实是你自己！

为什么相爱容易，
被爱滋养却那么难？

在每一段关系里，
都有一段路要自己走。

　　一位女性读者跟我留言说："谈过几段恋爱之后，有点绝望。几个男生各有特点，但都不适合自己。吸引自己的人，太不用心；足够用心的，自己又瞧不上。

　　我的要求其实很简单，想找一个彼此喜欢的人过日子，怎么就这么难呢？"

除了以上这类难选择的苦恼，我们还很容易看到另一种类似的关系问题：

在一段感情里很久了，也累积了太多的不满意，想改变关系却无从下手，想放弃关系又找不到足够的理由，有时候还会质疑自己，为什么会选择这样一个人？都说爱可以让人变得更好，为什么自己却总感觉被消耗？

这两个问题，可以概括绝大多数人对亲密关系的期待：如何让现实跟渴望快速接轨。

爱情，本身就是一个矛盾体

在亲密关系里，一直都存在着两个位置：你渴望的和你可以选择的。一个是自恋的需要，一个是现实的需要。爱情的幻觉功能会让人把这两个需要当作同一个需要，以为爱就是要去无限满足自己的渴望。如果只是爱，朦胧的爱、

模糊的爱、不清不楚的爱，这当然是可以的，因为可以留给感觉一个无限的空间。

但如果爱到要在现实中发生点什么，比如确定恋人关系，过踏实的日子，进入现实的婚姻，这两个需要之间就会出现一个难以跨越的鸿沟。

这时候，你可以有两种选择：第一，退出现实的关系，继续回到渴望的世界里；第二，退出一部分渴望，继续往现实的世界去走。

文章开头的两个例子，无非就是这两个选择的呈现。这是两条完全不同的路，有趣的是，很多人遇到挫折再回头打量人生的时候，都会遗憾为什么没有选择另一条路。

其实，无论选择哪一条路，都很难满足那个最原始的期待，现实还是现实，渴望还是渴望，他们可能会有交汇，但无法重叠。

219 part5-关系：在关系里活出真实的自己

爱情，本身就是一个矛盾体，既有足够浓烈的感觉，又有足够真实的现实，这本身就无法融合。

为什么我们很难被爱滋养？

当一个人为了现实的需要而压抑自己的渴望只想要过好日子时，这在感觉里是做出了一个退而求其次的安全选择；当一个人主动放弃现实的需要而重新激活自己的渴望，还想要生活有一点儿不一样时，这就做出了一个追求欲望的冒险选择；然而，当你因为做出一个选择，让自己感觉到更安全时，你还会有安全的需要，还能再选择退而求其次吗？

同样，当因为冒险满足了自己的需要，你还会觉得被满足的需要就是自己毕生想要的吗？

人性使然，当一个需要被满足时，你必然会渴望一个更

大的世界。

　　当我们站在山坡上时，只会更在意山顶，而忘记自己是从山脚走上来的。

　　这就回到我们最初的选择，无论你选择安全的现实，还是追逐渴望，最终都是殊途同归，在现实中你不会被一直满足，也不会有一段关系让你一直满意。

　　这跟我们刚开始选择一门职业来发展是一样的，你是为了钱还是兴趣，虽然很多人都期望两者合二为一，但是一开始还是其中一个占更大的成分。

　　如果始终有一个位置没有被满足，那要如何才能支持自己走下去，这个过程中又靠什么来滋养自己？

你会爱上这该死的跷跷板游戏吗？

有很多人会很看重关系的选择，而我觉得，无论如何选择，这都是一场跷跷板的零和游戏。无论你看着哪一个位置更高，当真坐上那一端的时候，它的位置就会降下来，你没有选择的那一端的位置就会升高。

这不是因为选择失误，而是选择本身就是这样。所以，如果曾经有一个人给你安全，现在又让你嫌弃和不满；如果曾经你很渴望一个人，在一起后又不那么渴望了，这不是失望，是爱的游戏刚刚开场。

现在你需要做的不是让自己如何重新选择对面更高的位置，而是让自己通过摆荡自然到达渴望中更高的位置。

当然，如果这个过程慢一点儿，会更美一点儿，你感受到的爱的力量就会更强大。如果你渴望速成，爱情就会让你吃尽苦头。

尽管有时候，我们会为选择了一座更难爬的山而后悔，也会为选择了一座太容易爬的山而不甘，但如果一段关系让你有了更大的渴望、更多的思考和更通透的活法，这本身不就是一种更深刻的滋养吗？

关系里的滋养往往不是现实层面的满足，只要你心中有爱，不惧怕关系的摆荡，哪怕正在辛苦地爬着山也可以边爬山边想象抵达山顶的快乐。

这种过程里的快乐和美好，可能就是爱情给人最大的滋养吧！只可惜很多人的爱情都被急迫的现实需要给杀"死"了！

真正关系的建立，
都是从被误解开始的

人格独立的人，一直对自己有清晰的定义，
当别人的定义跟自己的定义不同时，感到的不是委屈，
也不是愤怒，而是清楚地澄清自己，
因为你很清楚别人的定义影响不了你。

小丽一坐下来就说："我受不了我老公了，我真觉得我们不该再过下去。结婚的这几年，我做了那么多努力，他就是假装看不见。"我仔细听着她谈到的那些被误解的委屈，她一边说一边掩面而泣，无比痛苦。

我问她："看起来你十分痛苦，能说说这些感觉吗？"

她说："这种感觉一直都有，但我总觉得我老公会不一样，可是没想到他还是一样。

他跟我的父母没什么区别，我做了这么多努力，他还是不能理解我，从来都是自以为是地觉得我是怎样。"

我说："你感觉到被误解了，这种感觉无论是过去还是现在都让你十分痛苦。"她用力点头，又陷入了深深的无力。

在关系里，你是否也总是担心被误解？

在小丽过去的经历里，她经常被误解。比如跟弟弟一起时，只要弟弟哭了，妈妈就一定觉得是她的错，会骂她、打她；学校里有同学丢了东西，追查时只有她满脸通红，老师会盘问她，她无法说清楚怎么回事，大家就以为是她偷的东西。

然后，到了亲密关系里，她也必须小心谨慎，她从不用丈夫的钱，怕被说成不独立；不敢对丈夫家人有任何怠慢，怕被说成不孝顺；不敢表达自己的任何想法，怕被认为是自己不懂得尊重。

然而，即便她处处小心，丈夫也依然对她不满意，说她并不是真的对家庭用心，好像总是提防着什么，是藏着什么样的心机。所以，关系里，常常总是你越怕什么，就越会出现什么。

面对先生的误解，她不知道该说什么，只是觉得自己很委屈。实际上，这种感觉，在她进入关系时，就已经出现了。

她正是因为非常害怕被误解，所以才想要努力做得好一点儿，然而恰恰是这样的努力无法被丈夫理解，所以才招致了丈夫的误解。

为了不被误解，你是否付出了太多的努力

和小丽一样，小林在工作中也时常有这样的委屈。一开始，她新到公司时，因为不熟悉，为了表现积极所以很乐于帮助同事。任何同事的请求，她都一一答应。

她很担心别人觉得她工作能力不行。

半年、一年过去了，她做的事情一点儿也不少，但是领导对她工作的能力却越来越怀疑。因为要帮助同事处理很多不是自己分内的事情，她每天都要工作到很晚，有时候甚至导致她自己分内的事情都无法按时完成。新来的同事对业务都越来越熟悉，她还是刚进公司的样子。最终，公司决定解雇她。实际上，我们看到小林付出了比别人多几倍的努力，但因为她太害怕别人的误解和评价才导致了她无法专注于自己应该做的事情上。

在现实生活中，其实有很多这样的人，因为很怕被误解，所以无论是进入关系，还是开始一份工作，都非常努力，最终却搞砸了工作和关系，自己对自己也十分失望。

他们一直都抱有一个理想化的幻想，就是我努力做得足够好，就不会被误解。于是，他们就进入了一个模式：越努力，越被误解，努力越多，误解越深。

当无论怎么努力都会被误解时，他们就会对工作和关系都十分失望，一边觉得自己不够好，另一边又愤怒他人为什么看不见自己。

过去的经历对一个人的扭曲往往就是让一个人努力去回避这种经历开始。当你用尽所有的努力去避开一个大坑时，你的注意力就会被这个大坑吸引，结果掉入旁边一个类似的坑。

那么，从误解到被理解，到底隔着多远的距离呢？

真正关系的建立，是从被误解开始的

在关系里，没有一个人希望被误解，但是我们有办法避免被误解吗？当进入一段关系，别人自然就会对你有看法，然后当你做出一个反应，对方也会自然形成一个对你行为的理解。

这些过程会自然发生。但是，这些看法和理解是存在于对方的主观世界里的，跟你是一个怎么样的人没关系。

这是受对方曾经的经验世界决定的，只要你这么做，对方就会这么想，换一个人也一样。然而，对你的内心来说，你或许并非和对方想的一样。于是我们可以做一个区别，把对方的看法和自己的真实做区别。当你可以做这样区别的时候，就不会因为别人的说法而否定和怀疑自己，而是可以勇敢地告诉别人：我不在你说的那个位置。

所以，如果我总是希望别人来认可自己，那么别人说自己是黑的，自己就似乎成了黑的；别人说自己是白的，自己就成了白的。

这样别人的评价和误解就会让自己无法失望，但关系无法深入下去。而在这个时候，如果你已经有了对自己的定义，当别人对你的定义明显跟自己不一样时，就可能推翻别人的定义，清楚地告诉对方你在哪里。

这就是人格独立和不独立的区别。人格独立的人，一直对自己有清晰的定义，当别人的定义跟自己的不同时，感到的不是委屈，也不是愤怒，而是清楚地澄清自己，因为你很清楚别人的定义影响不了你。

人格不独立的人，哪怕可以独立做很多事情，但因永远在等着别人给自己认同和定义，一旦遇到不被理解，就会退缩无助、灰心丧气。

他们努力避开的恰恰是关系里无法避开的位置。

　　这里有一个十分关键的地方在于，你在关系里的定义不只是看你用努力付出来表达，你需要在被误解时能够清晰地表达自己才能共同建构出一个跟你匹配的定义。

　　被误解是每一份关系都会经历的阶段，这恰恰是关系建立的开始。如果在被误解时，我们能够通过自我成长和支持去确认，清晰而坚定地表达自己，修正这些关系里的定义差异，那么我们就有机会更多被理解和看见。反之，就可能一直在关系的门口徘徊陷入深深的关系无力。所以，关系里最怕的不是被误解，而是你能为被误解的自己做些什么，是否能被误解而不轻易动摇自己。

如果原生家庭伤害了你，
你可以在婚姻中去疗愈！

如果你的生活里没有光，

那有可能是你站在背对着问题的地方，

用忽略问题的方式挡住了光照进来的裂缝。

当婚姻里有一些问题发生的时候，总有人跟我抱怨："如果什么都没发生就好了！如果我的婚姻没有这些问题就好了！"这些想法是那么真实地需要被理解：我们用幻想的美好来抵御现实的无力感。但之后，我还可能听到另一种声音："走这一趟太值得了，婚姻问题把我从一个糊里糊涂的人变成了一个清醒活着的人，我仿佛活出了自己的'第二个人生'！"最令我惊讶的不是这两种声音的不同，而是这两

种声音竟是同一个人发出的。只是，当一个人从最初的回避问题走到接纳问题时，他已经发生了脱胎换骨的变化。诗人莱昂纳德·科恩说：万物皆有裂痕，那是光照进来的地方。婚姻里出现的问题就像完美生活里的一道裂痕，给许多人带来了痛苦，也令许多人得以重生。

如果生活里没有光，可能是你避开了所有的问题

在现实生活中，不乏有很多舍命为爱付出的女人，她们可能非常善良和努力，但仍然不被生活善待。

比如，一位女性换了几任丈夫，都遇上丈夫出轨，她对婚姻感到绝望，不敢再相信任何人。又比如，一位妻子，她的丈夫过去非常体贴温和，可突然说日子回不去了要离婚，她努力挽回，丈夫却视而不见，她不知道关系该如何继续。再比如，一位温柔懂事的女性，很懂得尊重他人，却总是遇到不尊重她的异性，

每次恋爱都很难忍受对方的偏执和猜疑，她失去了下一次再恋爱的勇气。再比如，一位单亲妈妈，曾经在婚姻里辛苦付出，对丈夫极其失望后离婚，把所有希望投注到孩子身上，谁知孩子的表现却不尽如人意，她一次次情绪崩溃，在生活里找不到其他意义。

她们曾经都在向着有光的方向奔跑：以为努力换个好丈夫就会不一样；以为努力把对方变回去，关系就能回到从前；以为懂得尊重他人在关系里就应该被善待；以为虽然婚姻痛苦但可以在孩子身上找回人生希望。可是，这一条路却越走越没有光，越走越黑暗。

这让我想起了前段时间养的睡莲，我把一些种子打开了小口，也有一些漏掉的种子没有打开。后来，那些有开口的种子开始发芽，而没有开口的还在继续沉睡。

从原生家庭进入婚姻的我们都像是一颗带着各自问题沉睡的种子，如果遇到任何问题都没有打开我们对问题的觉

察，那无论用多么好的方式去努力都会继续沉睡在过去的模式里。

当你以为自己避开了问题就可以安好的时候，那些问题还会一次次来叩门，你就会因为满屋子的黑暗，既痛苦又无力。所以，如果你的生活里没有光，那有可能是你站在背对着问题的地方，用忽略问题的方式挡住了光照进来的裂缝。

不避开问题，需要直面内心的勇气

金星曾在一次综艺节目中说道："你阅历的每一次情感都在帮你筛选男人，也在筛选你内心的需要。"在现实的婚恋关系里，有很多人一直在筛选伴侣却并不筛选自己内心的需要，避开问题就是其中的一种方式：希望不用看到自己的真实就可以找到一个满意的伴侣。

实际上，每个人都知道，如果你看到了自己的真实才会更容易遇见自己想要的人。但为什么很多人都害怕去面对自己呢？

第一，担心面对自己时会看到一个很糟糕的自己，觉得自己不配拥有更好的；第二，担心弄清楚了自己是谁会主动放弃现有的关系，对爱的匮乏让你不敢真实；第三，担心看到自己正在重演父母的关系会无比恐惧去面对这个难题。

所以，当有这样的害怕和担心时，无论遇到怎样的问题，你都会极力避开去面对自己。然后，你可以假装不知道自己谁，假装没有内心不安的感觉，满怀信心地等着一段满意的关系前来跟自己吻合。

这样的结果有两种：你可能会找到一个人稀里糊涂地过完一生却并不满意；你可能一次次遇上让你痛苦的关系，只得不断更换新的关系。

现实中，很多人没有筛选出自己的需要就匆匆走入了婚姻。即便走进了婚姻也不敢去看自己的需要，怕关系会破裂；即便离婚了也不敢去看自己，怕看到自己做得不够好；如果有孩子，很可能还会用不真实的自己去养育孩子，以此消减婚姻的痛苦。从亲密关系到亲子关系，这些曾经投注希望的地方，恋爱、婚姻、孩子最终都会让人重新经历痛苦。所以，总有无数多的机会让一个人去看自己，除非你有特别大的阻力去回避面对自己。而阻力越大，说明你留在过去需要修复的创伤就越深。

所以，避开去面对问题常常不是因为问题有多难，而是我们不敢去看问题之下的自己。然而，如果没有一个问题，没有一种痛苦可以把沉睡的自己敲开一个口子，我们就没办法从中建立起自我意识，就被卡在了自我无法发芽的位置，到任何一段关系里都可能感到压抑、委屈、痛苦又非常无力。

婚姻里的每个问题，都可能重塑你的人生

　　德国诗人海涅曾说："命运并不是来自某处，而是在自己心田里生长。"在前面的例子中：第一位女性，看起来无比艰难，面对问题淡定自若，看起来非常坚强，实际上她女性化的身份是被压抑的，只有当问题指引她去修复过去的创伤，她才可以重新做回一个有情感的女人。第二位妻子，一直想要努力挽回丈夫，是因为她处在一个孩子的位置，希望丈夫继续来无条件地满足自己，其实这样的痛苦，恰好才是可以孕育她长大的土壤。第三位女性，想努力让关系和谐，实际上她隐藏了自己的攻击性，不断用温柔懂事去避开他人触及她的边界，然而还是一次次被触及，她才可能有机会回头识别很多被压抑和转移的情绪。第四位女性，在哪里付出就在哪里失败，她没有自我的付出实际上是一种变相控制，最终她不得不面对一个结局：没有人愿意用被剥夺自由的人生去换取她的付出，她才可能在不断地失望之后开始重建自己的人生。

有人说：每个人都有两个我，一个在黑暗中醒着，一个在光明中睡着。喜欢看光明里睡着的那一个是我们的本能；而看黑暗里醒着的那一个才真正决定着我们的命运。

忽视问题可能让你像孩子躲猫猫一样，暂时爽一会儿；重视问题却可能在你的命运发生转变。人们都说，婚姻是女人的第二次投胎。如果你的原生家庭曾经伤害了你，那么当你进入婚姻时，可能还会遇上同样的问题。只是，过去你无力走通的路，现在开始有了新的机会。

醒过来，珍惜这个机会，当你用一个努力生长的自己重新站在一个破土发芽的起点，你的人生将会从这一刻开始被改写，走出与原生家庭不同的命运。所以，婚姻不易又极其珍贵，你在婚姻里遇到的每个问题都可能会直抵你的内心，指引你通往过去无力到达的地方。

　　如果你刚好在眼前遇上了，当这束问题之光照进来的时候，请不要再闪躲！带上你的觉察，带上你面对自己的勇气和坚持，重新开始疗愈自己吧！